普通高等教育“十一五”国家级规划教材（本科）
服装史论系列教材

U0830450

服装概论

华梅 周梦 著

中国纺织出版社

内 容 提 要

本书是学习中国服装史、西方服装史、服装美学以及服装设计的基础。作者从各个角度、各个层面对服装进行概括介绍和简要分析，涉及服装的起源形制、文化理念、创意、设计、工艺、生产、营销、理论研究等相关方面，为读者构建了一个完整的服装理论知识体系。

本书作为普通高等教育“十一五”国家级规划教材之一，适合服装专业师生参考和学习，也为服装爱好者了解服装专业提供了一个良好的平台。

图书在版编目(CIP)数据

服装概论/华梅，周梦著.—北京：中国纺织出版社，2009.3(2017.6重印)

普通高等教育“十一五”国家级规划教材.本科

(服装史论系列教材)

ISBN 978-7-5064-5137-6

Ⅰ.服… Ⅱ.①华…②周… Ⅲ.服装—概论—高等学校—教材 Ⅳ.TS94

中国版本图书馆CIP数据核字(2008)第178126号

策划编辑：郭慧娟 向映宏 责任编辑：陈 芳 特约编辑：张艳霜

责任校对：余静雯 责任设计：何 建 责任印制：何 艳

中国纺织出版社出版发行

地址：北京市朝阳区百子湾东里A407号楼 邮政编码：100124

邮购电话：010—67004461 传真：010—87155801

http://www.c-textilep.com

E-mail:faxing@c-textilep.com

三河市宏盛印务有限公司印刷 各地新华书店经销

2009年3月第1版第1次印刷 2017年6月第7次印刷

开本：787×1092 1/16 印张：16.75

字数：271千字 定价：36.00元(附光盘1张)

出版者的话

全面推进素质教育，着力培养基础扎实、知识面宽、能力强、素质高的人才，已成为当今本科教育的主题。教材建设作为教学的重要组成部分，如何适应新形势下我国教学改革要求，与时俱进，编写出高质量的教材，在人才培养中发挥作用，成为院校和出版人共同努力的目标。2005 年 1 月，教育部颁发了教高［2005］1 号文件“教育部关于印发《关于进一步加强高等学校本科教学工作的若干意见》”（以下简称《意见》），明确指出我国本科教学工作要着眼于国家现代化建设和人的全面发展需要，着力提高大学生的学习能力、实践能力和创新能力。《意见》提出要推进课程改革，不断优化学科专业结构，加强新设置专业建设和管理，把拓宽专业口径与灵活设置专业方向有机结合。要继续推进课程体系、教学内容、教学方法和手段的改革，构建新的课程结构，加大选修课程开设比例，积极推进弹性学习制度建设。要切实改变课堂讲授所占学时过多的状况，为学生提供更多的自主学习的时间和空间。大力加强实践教学，切实提高大学生的实践能力。区别不同学科对实践教学的要求，合理制定实践教学方案，完善实践教学体系。《意见》强调要加强教材建设，大力锤炼精品教材，并把精品教材作为教材选用的主要目标。对发展迅速和应用性强的课程，要不断更新教材内容，积极开发新教材，并使高质量的新版教材成为教材选用的主体。

随着《意见》出台，教育部组织制订了普通高等教育“十一五”国家级教材规划，并于 2006 年 8 月 10 日正式下发了教材规划，确定了 9716 种“十一五”国家级教材规划选题，我社共有 103 种教材被纳入国家级教材规划，其中本科教材 56 种，高职教材 47 种。56 种本科教材包括了纺织工程教材 13 种、轻化工程教材 16 种、服装设计与工程教材 24 种、美术教材 2 种，其他 1 种。为在“十一五”期间切实做好教材出版工作，我社主动进行了教材创新型模式的深入策划，力求使教材出版与教学改革和课程建设发展相适应，充分体现教材的适用性、科学性、系统性和新颖性，使教材内容具有以下三个特点：

（1）围绕一个核心——育人目标。根据教育规律和课程设置特点，从提高学生分析问题、解决问题的能力入手，教材附有课程设置指导，并于章首介绍本章知识点、重点、难点及专业技能，增加相关学科的最新研究理论、研究热点或历史背景，章后附形式多样的习题等，提高教材的可读性，增加学生学习兴趣和自学能力，提升学生科技素养和人文素养。

（2）突出一个环节——实践环节。教材出版突出应用性学科的特点，注重理论与生产实践的结合，有针对性地设置教材内容，增加实践、实验内容。

（3）实现一个立体——多媒体教材资源包。充分利用现代教育技术手段，将授课知识点制作成教学课件，以直观的形式、丰富的表达充分展现教学内容。

教材出版是教育发展中的重要组成部分，为出版高质量的教材，出版社严格甄选作者，组织专家评审，并对出版全过程进行过程跟踪，及时了解教材编写进度、编写质量，力求做到作者权威，编辑专业，审读严格，精品出版。我们愿与院校一起，共同探讨、完善教材出版，不断推出精品教材，以适应我国高等教育的发展要求。

中国纺织出版社

教材出版中心

总序
——贵在意境

人们通常认为，教材，就是教师以此来讲，学生以此来听；史论，就是史料和论说；服装更无歧义……其实不是这样。

无论教还是学，注重的都应该是一种意境，一种蕴涵无限的大文化。

如服装，确切说服装文化教学与研究，它的范围和对象，绝不仅仅限于服装本身。

我在服装史论教学前线已近三十年，为什么持之以恒，且毫不倦怠，就因为我钻研起服装来常有一种莫名的愉悦感觉——宛如“风高浪快，万里骑蟾背。曾识姮娥真体态，素面原无粉黛。身游银阙珠宫，俯看积气蒙蒙。醉里偶摇桂树，人间唤作凉风。”在这里，诗人刘克庄是在描述身游月宫的奇妙幻想。但研究服装的过程，不也正具有这样一种浪漫的意境吗？每一点探索的结果都是前所未有的，每一步向新领域的跨越都令人激情满怀，其过程是充满神秘感的，好像是在探险。当未知被一个个解惑，当硕果挂满了枝条，那种登临月宫的感觉是美妙的，它令人向往。

我有时觉得自己是一个农夫，我播种的服装研究在沃土上成长健旺，我培养的学生也是在服装文化的大地上辛勤耕耘，我们的团队已使服装文化绽放出绮丽的花朵。我的脑海中常有一幅图像闪现出来，那就是一片片金黄色的稻田，在阳光下熠熠生辉，那种醉人的金色令人振奋又惬意，有一种美感，是收获的幸福。一想到这番景象，汗水还算得了什么？

中国古人有一句话：“书山有路勤为径，学海无涯苦作舟”，我小时候所受的教育总是“发悬梁，锥刺股”。实际上这只是在激励学子们，倡导的是一种精神，真正钻研起来，苦中自有乐。人们为什么要攀崖？为什么要横渡太平洋？这里有探索心的驱动，也有好奇心的驱使，说好了是科学无畏，说不好是寻求刺激。实际上，无须褒贬，值得肯定与赞扬的就是一种实实在在的人的精神。服装教学与科研正是这样，勤是需要，但不一定都是苦。上山艰难却完全可以看风景，渡海危险却可以放飞自己的理想。天高任鸟飞，海阔凭鱼跃，世界是强者的，学术界尤为此。

待闭静片刻时，甚至会想起辛弃疾的《西江月——夜行黄河道中》：“明月别枝惊鹊，清风半夜鸣蝉。稻花香里说丰年，听取蛙声一片。”怎样的幽美景色，怎样的原生态？我甚至觉得，服装教学科研中灵感的出现，真像这首诗中写到的：“七八个星天外，两三点雨山前。旧时茅店社林边，路转溪桥忽见。”小时候背的诗，如今总是适时地闪现在脑海中，诗中所描述的意境，感染着我，使我常常生活在诗意之中，而且是真的在诗意中徜徉。

李清照有一首《渔家傲——记梦》，气势非凡，虽假借梦境，实际上是在宣泄一种豪迈的情感。诗人写道：“天接云涛连晓雾，星河欲转千帆舞，仿佛梦魂归帝所，闻天语，殷勤问我归何处。我报路长嗟日暮，学诗漫有惊人句。九万里风鹏正举，风休住，蓬舟吹取三山去。”在从事服装教学与研究的几十年间，这种空阔，这种气势，这种洒脱，常常使我感到浑身充满力气，仿佛全身的血都在沸腾，倘若文章不能使自己激动，还怎么能够激动别人呢？

我喜欢庄子的文论，不但句句有哲理，而且视野那么广阔，心绪奔放，升天入地；我喜欢中国古诗词，诗人不仅在抒发情怀，而且在评述世理，诠释人生。即使我们在秋天的夜晚没有身处“红烛秋光冷画屏”的环境，也没有“轻罗小扇扑流萤”的闲情，但是“天阶夜色凉如水”的感觉还是抬头就能感受到的，由此，那种“坐看牵牛织女星”的艺术审美愉悦不就产生了吗？杜牧的《秋夕》本身就有一种意境之美，美在诗外。我研究服装，常常就生活在这种诗意中，诗意无限。

更重要的是，古诗词不单单给人以美的意境，它还确确实实地记录下一些史实，如服装，假借的也罢，直叙的也罢，使我们读诗就能读到曾经存在的服饰形象和服装现象。如刘禹锡在《竹枝词》中写：“山上层层桃李花，云间烟火是人家。银钏金钗来负水，长刀短笠去烧畬。”“银钏金钗”代表的就是少数民族女性，而“长刀短笠”更是将原始部落性质的生活生产方式叙述出来。到了刘禹锡写“美人手饰侯王印，尽是沙中浪底来”时，则是一种感慨，或说不平了。冯延巳在《谒金门》中，仅一句“斗鸭栏杆独倚，碧玉搔头斜坠”，就把少妇“终日望君君不至”的愁闷心情真实地表现出来。孙光宪在《酒泉子》中以“香貂旧制戎衣窄”衬托征人的悲凉心情，以“绮罗心，魂梦隔，上高楼”表述征人对远人妻子的思念。这里都没有直接写人，但写服饰就已经使人鲜活起来，进而有声有色，有情有景。

柳永在《望海潮》中写杭州的繁华，仅“市列珠玑，户盈罗绮”寥寥几字，就使人们宛如看到市场上陈列的商品尽是珍珠宝货，而大户人家穿的都是绫罗绸缎的人文景观呈现在读者面前。张志和在《渔歌子》中的“青箬笠，绿蓑衣”是写隐士；苏轼在《江城子》中以“锦帽貂裘”写边关军人；在《浣溪沙》中以“牛衣古柳”写“卖黄瓜”的农夫；在《定风波》中以“竹杖芒鞋轻胜马”寓自己虽被贬，但依然乐观处事。因为只有这样，才能保持“一蓑烟雨任平生”的心境。苏轼在《念奴娇——赤壁怀古》中，一句“羽扇纶巾”，就把周瑜当年“雄姿英发”、踌躇满志的精神面貌表现出来了，尤其“谈笑间，强虏灰飞烟灭”的辉煌战功，更通过儒雅的装束而显得格外动人。

有一首诗，从我小时候就给我一种凄美的感受，那就是贺铸的《捣练子》：“砧面莹，杵声齐，捣就征衣泪墨题。寄到玉关应万里，戍人犹在玉关西”。征衣在服装史中占据着重要的位置，这里寄托着家人对远在边疆的亲人的思念，述说着服装的物化功能与情感寄寓。有时候，关乎服装的举动就是一种世俗生活的写照，由此也牵动着人们的心情。如贺铸另一首《鹧鸪天》，诗人悼念亡妻，“空床卧听南窗雨，谁复挑灯夜补衣”，一幅旧时妇女的最寻常不过的补衣情景，使诗人眼前出现昔日的画面。《红楼梦》中仅一节“勇晴雯病补孔雀裘”，就把晴雯这一特定人物的性格生动地刻画出来。岳飞的《满江红》中第一句是“怒发冲冠”，这里既没写帽子的式样，也无花纹色彩，只一个“冲”字，就以夸张的手法表现出诗人难以遏制的愤怒和强烈无比的爱国之心。

李清照《永遇乐》中有一句脍炙人口的诗句：“中州盛日，闺门多暇，记得偏重三五。铺翠冠儿，捻金雪柳，簇带争济楚。”这番盛景，这般服饰，已经成为中华民族灯节的珍贵历史资料之一，铺翠冠儿什么样？捻金雪柳是什么？人们反复考证，不管怎么说，那一身穿戴整齐且光鲜的模样给后世留下许多正月十五元宵节赏灯的实感与畅想。下一句写“风鬟雾鬓”，也是借助服饰形象的一部分来表露诗人思念故国的感情，同时也流露出她饱经忧患、消极低沉的心理状态。关于元宵节的名句，还有辛弃疾的《青玉案——元夕》：“东风夜放花千树，更吹落，星如雨，宝马雕车香满路。凤箫声动，玉壶光转，一夜龙蛇舞。”在这里，诗人专门写到女性在特定节日戴的特定饰品，即“蛾儿雪柳黄金缕”。蛾儿就是闹蛾儿，雪柳是用丝绸或纸扎成的柳条装饰，黄金缕也是以金纸、金线扎成的灯节装饰，这些饰品恰与万盏彩灯相映生辉。诗人虽在诗后写到他不肯趋炎附势、随波逐流的孤高性格，“众里寻他千百度，蓦然回首，那人却在灯火阑珊处。”但我们依然可以认为辛弃疾给后世留下服装史的鲜活资料，因为形象与场景，特别是节俗，共同记录下来，就必然使其有了一定的珍贵之处。

张孝祥在《念奴娇——过洞庭》中，写的是人与自然的结合以及由此而生发出的感想。他以“短鬓萧疏襟袖冷”来表现当年“孤光自照，肝胆皆冰雪”高旷坦荡的胸怀，甚至直接述说自己做官一向光明磊落，而今胸无芥蒂，因而与“素月分辉，明河共影，表里俱澄澈”的湖水，宛如天地一体，水乳交融。严蕊在《卜算子》里是以“若得山花插满头，莫问奴归处”去借此述说乱世的无奈，并写自己向往自由自在的山村生活。

有时候，诗词中的服装描写，记载下的是历史重大事件。吴文英在《八声甘州—陪庾幕诸公游灵岩》中写吴越之战的一个不可忽视的有连带关系的插曲，那就是越王献美女西施，吴王夫差在灵岩山上为西施建了一座馆娃宫，极尽豪奢。诗人写“渺空烟四远，是何年，青天坠长星。幻苍厓云树，名娃金屋，残霸宫城。箭径酸风射眼，腻水染花腥。时靸双鸳响，廊叶秋声。”“靸”是指木屐，音洒，双鸳即指西施和宫女们穿的绣有鸳鸯图纹的木屐。当年，夫差在馆娃宫里专门建有一个响屧廊。屧，音泻，也是说这种无后帮木底鞋。相传响屧廊是用梓木铺地，木地板下再放上成排的陶瓮，这样，宫女们穿着木屐在廊上行走，就会发出音乐般的声响。当然，吴国最后被曾经的手下败将越王勾践打败，并不只因西施，但是这绝对是一个重要环节，因此馆娃宫中的响屧廊同样与木屐一起成为这一历史事件的有声有形的记录。

诗词中的服装名词，很多时候被借用来指某一群体或某一类人，如史达祖《双双燕》中“愁损翠黛双蛾，日日画栏独凭”，翠黛是指古代妇女画眉的颜料，双蛾则指女子弯曲柔美的眉毛，在这里，即以此来代表闺中少妇。辛弃疾在《南乡子——登京口北固楼有怀》中写“年少万兜鍪，坐断东南战未休。”就是以兜鍪这一战士头盔来代表万千士兵的宏大阵势。辛弃疾在《水龙吟——登建康赏心亭》中写“倩何人，唤取红巾翠袖，揾英雄泪！”这里的红巾翠袖可指少女，也可专指歌女，其实更确切地是指红颜知己。诗人甚至在“遥岑远目，献愁供恨，玉簪螺髻”中以女性发式及头上插戴的簪子形象来形容远山的景象，我们不难看出，人们多么了解服装，服饰形象又和人们离得多么近。朱敦儒在《相见欢》中写：“中原乱，簪缨散，几时收？”以簪缨喻文武官员……

诗词与服装的联系，不一定只是专指或借喻，有很多未涉及服装的诗词在我们教学研究中也能给我们提供一种意境，那种意境幽美且深远，它深深地牵挂着我们的心，以致欲罢不能，导致我们以全身心投入到服装史论的教研之中。多少年来，李之仪的《卜算子》总在我心中一遍遍出现，我低吟：“我住长江头，君住长江尾，日日思君不见君，共饮一江水，此水几时休，此恨何时已。但愿君心似我心，定不负相思意！”爱情是崇高又神圣的，爱情伟大且永恒，人一生热爱一种事业，岂不也如同爱情中的热烈与持久。

仔细读一读古人的诗词，诗中的意境足可以使我们摆脱浮躁，还原真我。那种意境在感染着我们，让我们静下心来。辛弃疾在《鹧鸪天》中写“陌上柔桑破嫩芽，东邻蚕种已生些。平冈细草鸣黄犊，斜日寒林点暮鸦。山远近，路横斜，青旗沽酒有人家。城中桃李愁风雨，春在溪头荠菜花。”好一番农家田园风景。心绪平淡下来，对于名利；情绪需要激昂，为了事业，这才能立于不败之地。

《中国服装史》、《西方服装史》、《服装美学》、《服装概论》《中国近现代服装史》涉及了我们需要讲给年轻学子的有关服装的历史知识，特别是专业基础理论。我在这里不想重复书中的内容，我反反复复强调的是意境，怎样才能更好地掌握知识，怎样才能成为成功人士，其实最重要的是需要一种修养，微至具体学习时所需要的意境。这里仅以诗词作为例子，它应该被录入人脑，而不是电脑。电脑需要提取，而人脑装载的知识则往往是自己往外蹦。我有时累了，感觉到力不从心，辛弃疾那句“布被秋宵梦觉，眼前万里江山”就总在我心里出现。我能感受到诗人那种大气，那种忧国忧民之心，对于我们来说，不就是一种为了文化事业的发展而需要尽的一份力量吗？

我提醒年轻的学子们，静下心来，在知识的海洋中驾驭巨舰或独舟，只要目标是正确的，我们将勇往直前，我们必定胜利，辉煌就在前方。

2007年5月5日

于天津师范大学华梅服饰文化学研究所

前言

自从人类站立在地球之上，服装，或确切地说最早的佩饰，乃至后来的衣服就与人类结下了不解之缘。从古至今，服装已成为人类生活中不可缺少的物质用品和精神替代物。尤其是进入到文明社会之后，服装的功能不仅仅停留在寄寓神灵和蔽体、护体的基本功能上，人们对服装的要求尤其体现在制度上。由于服装和社会发展密切相关，服装也就越来越趋向礼仪性和艺术化，它在更多层面上成为一种满足人们精神需求的特殊载体。

服装是人类历史发展的必然产物，是物质文明与精神文明双重作用的结果。它反映了各个时代的物质基础、生产力水平和经济状况，同时又是各个时期政治思想、文化意识乃至艺术潮流的一面镜子。

"服装概论"是一门为服装设计专业设置的基础性课程，旨在为服装专业的学生及广大服装爱好者提供有关服装的基础知识。它涉及领域众多，是在学习中国服装史、西方服装史、服装美学以及服装设计课程之前的必修课程，其主要作用是对服装设计的系列学习作一个铺垫或说放置一块基石。以后所涉及的知识都会与这门课程有关，但这里只是列举了一个梗概，相当于服装史论与设计以及工艺课程的一个序曲。

《服装概论》教材从各个角度、各个层面对服装的诸领域进行概括介绍和简要分析，涉及服装的起源形制、文化理念、研究创意以及设计、工艺、生产、营销、理论研究等各个相关方面。在这部教材中，我们试图为服装专业的学生建立一个有关"服装"的理论知识系统，为广大服装爱好者搭建一个学习和了解服装的平台。之所以反复这样强调，就因为这只是"概论"。

本书第一章主要介绍有关服装的概念和常识。特别阐明了有关服装和服饰的词义及其异同，这一点是十分必要的，因为这两个词常常被同时使用。

第二章试图从服装的起源去探寻人类的着装行为本质。所谓服装本质，实际上就是人在创造服装时的动机以及所处时代的历史背景。探寻服装的起源，不就是探寻人类最初的着装心理吗？

第三章着重对服装理念与设计创意的概述，我们希望通过阐述这些在历史上留有鲜明印痕的事件与思潮在服装上所造成的影响，使大家了解古时的人和现代的人。当然，更主要的是了解那些典型背后的故事。这些创意对今天的服装设计专业的学生来讲，是有启示作用的。

第四章尽量从“衣服架子”——人的生理结构入手，探讨服装形制与服装分类，特别着重从生理角度探讨服装与人体结构的关系以及服装形制的划分。

第五章主要讲三个方面：一是侧重对服装设计者培养角度的阐述，详细说明设计者需要具备的素质；二是服装如何实现的问题，详细阐明了服装实现的若干个环节，既有广义目标的，又有具体形态的；三是有关服装流行规律的诸要素。这些都是与现代专业人士距离很“近”的理论，也就是说是与服装设计者息息相关的。

第六章主要介绍服装结构与服装工艺。这些内容涉及人们常讲的服装结构，这些结构与人体密不可分。所谓服装结构，其实就是使服装更趋合于人体。服装工艺与现代的服装生产有着不可须臾脱离的关系，尤其是生产过程中的电子化现代手段已经显示，当代生产工艺也是多元的，即传统与电子手段的结合。以上这种关系还有待于年轻的学子，即未来的服装专业工作者进一步关注并加以研究。

第七章主要是讲服装产业与生产管理，这都是新时代的需求。我们必须与时俱进，不断探求一些新的思路，因为思路决定出路，眼界决定境界。我们不可能还停留在只有裁缝铺的阶段，服装需要批量生产，因而不可能偏离产业与有效管理。

第八章是关于服装营销与品牌，这也是服装产业链中的重中之重。没有营销也就无法使产品流通，而没有品牌意识就无法在纷繁万千的信息时代里争取消费者。品牌是如今日益引起关注的问题，甚至可以说，服装品牌直接决定了服装产业的生命。

第九章是大学本科学生一接触专业即要了解的服装文献与相关资料。本意是让大家从高处着眼，一开始就确定一个较高的眼界，尽可能从各个层次掌握相关知识。要做到这一点，不读古籍，不了解高深理论著作，是不容易达到预期目标的。

需要说明的是，“概论”还不完全等同于“概说”，它毕竟不只是描述和诉说，而是有一些较笼统的、较有代表性的理论。从20世纪80年代我国各高校开始设置服装设计专业以来，有多部《服装概论》问世，这一部旨在遵循服装“概论”的基础上，进一步突出自己的特点，进一步跟上时代的步代，特别是要与这一套“服装史论系列教材”的另三部相联系、相对应。考虑到这一点，我们尽量做到以点带面，环环相扣。因为服装概论不可能像中国服装史与西方服装史那样，即使有许多同时代的产物，也会因地域不同和社会意识、民族信仰差异而有所区别。“论”与“史”的有些内容是必须共有的，当不可避让时，我们就会以简繁之差或视角不同去给读者一个全新的面貌。可以避让时，则开诚布公，力求以较宽的视野去略述一二。总体来说，服装基础知识，即从这里说起……

教学内容及课时安排

章/课时	课程性质/课时	节	课程内容
第一章 （6 课时）	基础理论 （35 课时）		· 服装与服装意义
		一	服装概念
		二	服装意义
第二章 （4 课时）			· 服装本质与着装动机
		一	服装的本质
		二	人类的着装动机
第三章 （5 课时）			· 服装理念与服装设计创意
		一	服装理念
		二	服装设计创意
第四章 （4 课时）			· 服装形制与服装分类
		一	服装与人体
		二	服装形制划分
第五章 （5 课时）			· 服装设计与服装实现
		一	服装设计
		二	服装设计的实现过程
		三	服装流行的规律
第六章 （3 课时）			· 服装结构与服装工艺
		一	服装结构
		二	服装工艺
第七章 （3 课时）			· 服装产业与服装生产管理
		一	服装产业
		二	服装生产管理
第八章 （3 课时）			· 服装营销与服装品牌
		一	服装营销
		二	服装品牌
第九章 （2 课时）			· 服装文献与相关史料
		一	古代有关服装的记载
		二	近现代服装文献
		三	当代主要服装文献

注 各院校可根据自身的教学特色和教学计划对课程时数进行调整。

目录

基础理论——

服装与服装意义

课题名称： 服装与服装意义

课题内容： 服装概念

服装意义

上课时数： 6课时

训练目的： 通过对服装及其相关概念的介绍，使学生对服装有一个初步的了解，产生对服装学科学习的兴趣；以宽阔的视角切入，使学生对服装以及它的背后的社会意义、民俗意义有一定的认识。

教学要求： 1. 使学生掌握服装的称谓及内容

2. 使学生了解服装的相关概念

3. 使学生了解服装的社会意义

4. 使学生了解服装的民俗意义

课前准备： 阅读关于服装基础知识的书籍。

第一章　服装与服装意义

第一节　服装概念

一、服装的称谓及内容

（一）服装与服饰

服装与服饰，是我们学习服装概论时首先要了解的称谓问题。因为这个词是着装者和服装研究者最常见的词，也是最需要明确的概念。

服装指什么？我们常见街上或媒体有“服装服饰”的说法，其实这是重复用语。

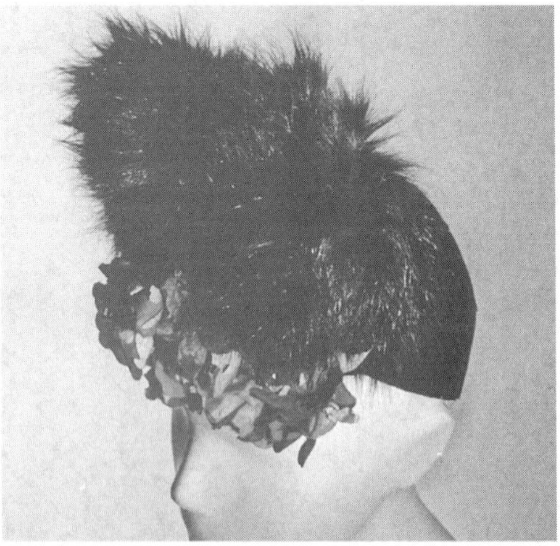

图 1-1　帽子与头饰

应该说，服装与服饰的概念基本上是相同的，不存在服装是衣服，而服饰包括饰品这种解释。如《中国服装史》和《服饰与中国文化》中的“服装”与“服饰”，这两个词的所指到底有什么不同？没有，实际上是一样的。

无论服装还是服饰，都包括四个方面的内容：

①衣服（主服、首服、手服、足服），如上衣下裳、帽子、围巾、手套、鞋、袜等，其特点是带有遮覆性。

②佩饰，如头花、簪、钗、耳环、鼻环、项链、手镯、戒指、胸花、腰链等，其特点是以装饰为主要目的。

图 1-2　丝巾

图 1-3　范思哲丝巾

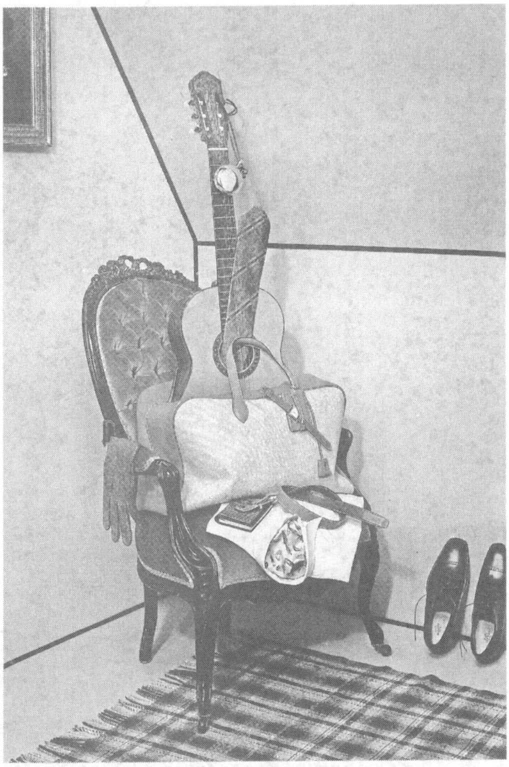

图 1-4　爱玛仕品牌配套饰品

图 1-5　胸花

图 1-6　眼镜与饰品

③化妆，包括原始性质的文身、文面、割痕、烫痕、涂彩和现代人的文眉、文唇、隆鼻、双睑及化妆，其特点是施以肌肤。

④随件，如包、伞、佩刀、宝剑、文明棍等。其特点是附加在人的整体服饰形象上，可有可无。如有，更能充分、鲜明地显示出一个人的个性和身份。如佩刀还是佩剑，一般能让着装形象受众分辨出武官和文官。从一个人带的包就能基本判断出他的身份，如挎腰包，不是骑摩托的小青年，就是做买卖的小贩，挎腰包一是为了携带方便，二是为了找钱方便。当然，什么都不是绝对的，开着私家

车的年轻画家、学者或许也有将方形腰包挎穿在腰带上的时候，那是因为天热时衣服口袋太少。但文职人员，特别是具有一定领导位置的中年人一般不用腰包。处级干部和中等企业老板爱用手包，而副部长级领导和大型企业老总连手包都不带，因为已配备了秘书。

（二）衣服与首饰

衣服应是纯物质的称谓，即使是为了某种文化含义而制作的衣服，也是无生命的。应该说，衣服只是服装或服饰的一个重要组成部分，如前述。首饰，是人们平时头上、颈间、胸前、手腕、手指部位佩饰的总称，也是服装或服饰的组成部分之一。

（三）服装形象与着装形象

服装形象是指人在着装后的整体形象。包括衣服、佩饰，也包括人在穿戴上这些衣服、佩饰后的综合效果。服装形象是不能将人与全身打扮相分离而后言的。只有这种整体组合，才能显示出其社会性，显示出文化的深层含义。有时候，我们也使用着装形象的说法。着装形象与服饰形象相比，着装形象的主体性更明确一些，着装形象所面对的是着装形象受众，而服饰形象相对更客观、更独立，无论从哪个角度看，它都能够完整地显示出一个社会形象。

二、服装的相关概念

（一）关于时装

1. 时装

时装，顾名思义就是讲具有时间特征的服装。如果将其作为一种社会事物放在社会学研究领域中去认识的话，时装是指在一定时期（时间），一定区域（空间）出现，为某一阶层所接受并崇尚的衣服。一般来讲，时装具有“一过性”，其流行有一定规律。某种时装一旦过了“临界线”，即为大众所普遍接受，那就无时装可言了，但是另一种风格的时装又会接踵而来，

图 1-7　时装

时装永远如潮水。

2. 高级时装

高级时装是时装的顶级产品，是针对高层顾客的需求设计制作的服装。这个概念是由设计师查尔斯·弗雷德里克·沃思（Charles Fredrick Worth 1825—1895）在19世纪中期创立的，他当时的服务对象为上流社会的女性，原创性的设计理念和完美的手工缝纫技术是其不可或缺的构成要素。

图1-8　20世纪50年代高级时装

服装界对高级时装的界定也有着非常明确的标准。巴黎高级时装工会颁授的高级时装称号必须具备五个条件：一是在巴黎有设计师工作室；二是经营者至少雇用20名全职手工工人；三是服装必须要量身制作；四是其品牌必须每年举行两次发布会（时间为每年的1月和7月）；五是每季至少要推出65套服装。以如此严格的标准生产的高级时装具有以下几个组成部分：高级的材料、高级的设计、高级的做工、高昂的价格和高层次的穿着场合。消费者要想拥有一套高级时装得经历看展示、预约、选款式、量身、立裁、初次试身、制作、再度试身、最后试身、修改、最后制作等繁复的程序。

20世纪60年代以来，社会思潮对人们的价值观念和消费习惯产生了深远的影响，高级时装仅刺绣部分有时就需要花费上千个小时，这使得许多人望而却步，顾客量急剧下降，如今全球的高级时装消费者只剩下500人左右，其中活跃分子只有大约200人，使得高级时装业进入一个尴尬的境地。

图1-9　20世纪40年代高级时装

3. 世界五大时装之都

世界五大时装之都分别是法国的巴黎、意大利的米兰、英国的伦敦、美国的纽约和亚洲唯一的一个城市——日本的东京。

无一例外，这五个城市都具有浓厚的文化艺术氛围和便利的交通，吸引了世界的优秀设计师们，也引领世界时尚的潮流趋势。近百年来，这五个城市的发展史也是国际著名服装品牌发展的历史。

（1）巴黎

巴黎是法国最大城市，也是欧洲的交通要地，是法国最大的文化、科教中心。拥有卢浮宫、巴黎圣母院、爱丽舍宫、凡尔赛宫、协和广场、巴士底广场、埃菲尔铁塔和凯旋门等许多著名的建筑艺术。

法国人具有爱好奢华、喜欢时髦、崇尚浪漫、钟情艺术的天性，这些都和服装的特质相吻合，因此巴黎的时装总是在世界的时尚舞台上占据领导者的位置。

20世纪以来，法国政府有意识地支持了巴黎时装中心的地位，如投放巨资鼓励时装设计、设置时装设计大奖、为时装设计大师举办纪念活动等。

法国除了设立金顶针奖以鼓励有才华的时装设计师之外，还自1943年就开始通过法律规定：缝纫者的作品享有和艺术、文学作品同等的荣誉。这些都反映了法国对服装的重视与喜爱，也是它成为世界最重要的时装之都的主要因素。

图 1－10　巴黎的时装博物馆

图 1－11　巴黎路易·威登店面

（2）米兰

世界共有八大时装设计公司，意大利占了五个，其余三个在法国。巨大的实力、潜力与惊人的发展趋势，使得米兰的时装博览会与流行趋势发布会基本与巴黎齐名。

米兰是意大利最大的工业和金融贸易中心，也是南欧通向中欧的交通要道和商业中心。现代许多南北交通干线都汇集于此。米兰是世界有名的港口城市，与世界各地联系频繁。

同巴黎一样，米兰也具有浓郁的艺术气氛，服装业是米兰的一个品牌行业，同时有着悠久的传统，我们所熟知的许多高级时装的家族品牌就诞生于这个城市。

（3）伦敦

工业革命是从英国开始的，是英国最早发明并应用了纺织机，从此改变了服装发展的历史。近代时装之父查尔斯·沃思是英国人，虽然他的时装生涯主要在巴黎，但英国人永远以沃思为骄傲。

伦敦的市内交通方便，伦敦港是英国最大的港口，也是世界著名的港口之一，与70多个国家的港口建立了联系，这些对于它时装之都地位的确立创造了地利条件。

伦敦给人一种浑厚大气的感觉，这和英国悠久的历史密切相关，伦敦有许多古老的建筑和名胜，每一个角落都有历史遗痕在诉说着英国曾经的辉煌。与巴黎和米兰相比，伦敦的时装更为含蓄、严谨，散发着一种理性的光芒。

（4）纽约

纽约是美国第一大城市和工业基地，也是金融和商业发展的一个中心。它还是著名的移民城市，这决定了它对不同文化的包容，从而形成了独一无二的纽约风格。

纽约虽然比前面的三座城市历史要短很多，但纽约也有着它独特的艺术氛围：大都会博物馆、百老汇、歌剧院、时代广场、联合国大厦、自由女神像，都为设计师带来了灵感。从风格上看，纽约的时装更加大众化和平民化，成衣是他们主要的品类，风格较为自然随意。

美国早在19世纪初就出现了成衣业。20世纪20～30年代，美国有一批本土设计师开始崭露才华。1941年，纽约举办了一次隆重的服装表演盛会。几年之后，美国设计师开始声名远播。20世纪中期以后，以纽约第七大道（SEVENTH AVENUE）为中心，服装产品开始遍布各个阶层。纽约还十分注重服装教育，如纽约时装技术学院（Fashion Institute of Technology，简称F. I. T）等培养了大批设计人才。

（5）东京

作为亚洲唯一一个时装之都，东京有着它独特的优势。东京交通便利，由公路、铁路、地铁、空运和海运组成了一个四通八达的交通网，通向全国及世界各地。东京也是日本的经济中心，同时还是日本的文化教育中心，是博物馆、图书馆等文化机构汇集的地方。

此外，它还经常举办各种文化交流活动，使之具有多元化的视角。东京的设计师非常擅长挖掘日本及东方传统服装中的文化精髓，他们的设计巧妙地结合了中西方元素中能够融合的成分，这使得东京成为唯一能在国际时装舞台上占有一席之地的亚洲城市。

（二）关于流行

1. 流行（fashion）

流行是指在一定的时间（某个历史时期）和空间（某个国家或地区的范围）内，一定数量的人受某种意识的驱使，通过模仿前沿的或占主导地位的某种观念、行为、生活方式而达到某种状态的社会现象。

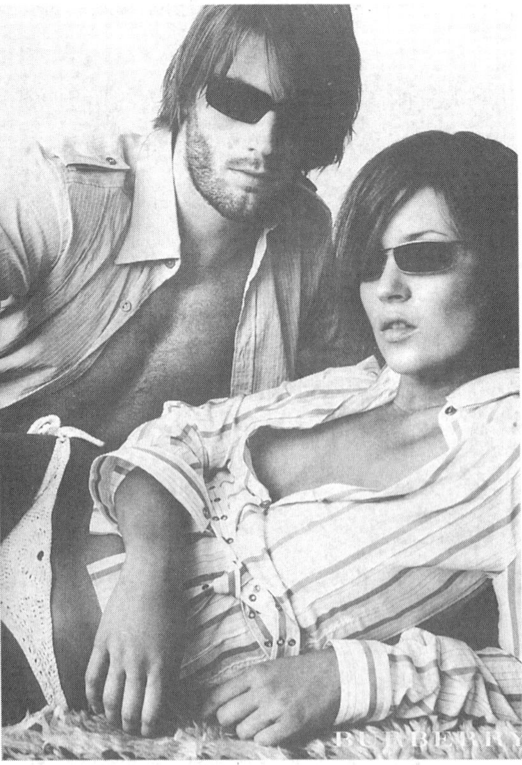

图 1－12　流行——帛柏利广告

流行的内容涉及我们生活的方方面面，既包括意识形态也包括人类实际生活的各个领域。

事物的流行与人类两种常见的心理有关：一是求变心理，二是求同心理。对事物抱有前种心理的人，对新的流行非常敏感，是新流行的创造者和追随者；当这种新的流行随着求变心理的人而逐渐发展成为一种大范围的“强势力”后，对新事物抱有求同心理的人往往产生不愿被这股强大势力抛弃的想法，也加入其中，使其被普及和一般化。随后，当这种新的趋势普及后，一种更新的流行就会作为一种需要，再次为求变心理的人所提出并实施，于是新一轮的流行与普及重新开始了。

2. **流行周期**（fashion cycle）

流行周期是指某种或某类服装从出现到逐渐被人们接受，再达到流行巅峰，随后走向衰退，最后退出流行舞台的整个过程。流行周期具有循环往复的特点。

不同的服装流行周期也不尽相同，有的在很短的时间消亡，有的具有很长的时尚生命。一般来讲，每个流行周期都包括如下部分：导入期、上升期、顶峰期、下降期、消亡期五个阶段。

3. **流行趋势**（fashion trend）

流行趋势是指一段时期以内服装流行的总体方向和趋向性的变化。如我们经常能够在各种时尚传媒的种种宣传方式中得到“下一季复古风格流行”、“明年中性风格流行”等对流行趋势的预测，都是在一定的时间内流行的一种趋向性的指征。

图 1－13　流行趋势影响人们的穿着

4. **风格** (style)

风格是指某件或某种服装区别于其他服装的特点，这种能使观者从服装的外观上辨识出的特点称为风格。服装风格有的会被一再重复，而有的只出现一次就永远消失了。如果回顾20世纪这一百年服装的演化史，我们就会发现几乎每个十年都有自己的风格，这就是时代赋予服装的深深烙印。不同的设计师所设计的服装也有着各自的风格特点，虽然每个阶段都会有不同的变化，但大体的风格特征都会被贯彻始终。

图 1－14　夏奈尔的设计具有独特的风格

5. **品位** (taste)

品位是指人们在各自不同的生活环境、文化背景、教育水平、审美倾向以及其他诸多因素的影响下所形成的对时尚的定位。良好的品位不仅能够准确地发现美丽的事物，还能够甄别什么样的服饰是最适合自己的。

（三）关于服装设计

1. **设计** (design)

设计一词的英文是“design”，它是指对事物的一种整体的计划、规划、设想以及解决问题的方法，并通过外在的表达方式进行传达的一个过程。

有关设计所包含的范围以及比较准确的定义一直以来有着不同的解释，专家学者乃至普通人都对“设计”一词有着自己的理解。但有一点是肯定的，设计与我们的日常工作和生活息息相关，我们每天所面对的绝大多数事物都与设计有关。

2. 服装设计师（designer）

服装设计师是以平面（绘制效果图）或立体（以服装面料通过立体裁剪）的方式来体现自己服装创意或构想的人。他们具有创造性的思维，是使创意与实际穿着需要完美结合的人。

西方最初的服装设计师就是贵族名流的裁缝，他们的地位与工匠相似，都掌握着极为精到的裁剪和缝制技术，而到了19世纪末20世纪初，一些设计师不再剪裁而是用图画来表现自己的意图。从那个时期以后，无论会不会裁剪，只要能设计出美观实用的服装效果图，就是优秀的设计师了。从此“服装设计师”这个概念就从“裁缝”的范畴中脱离了出来。现在的服装院校都比较重视对设计人才进行专业基本功、服装理论、设计训练、效果图表达、服装结构等诸多方面的全方位培养，以使服装设计的各个环节融会贯通。

图1－15　服装设计师巴伦夏加

图1－16　服装设计师让-保罗·戈尔捷

3. 高级时装设计师（couturier）

法语中couturier是“妇女时装设计师、时装商”的意思，而我们所说的高级时装设计师不同于普通的服装设计师，它指的是法国屈指可数的高级时装店里的主设计师，这些设计师像旗舰一样成为每个品牌的灵魂人物。

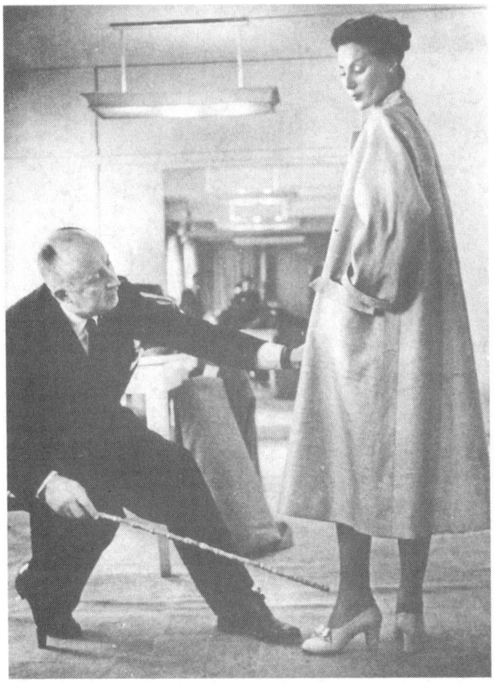

图 1－17　高级时装设计师克里斯汀·迪奥在工作

国际上对高级时装设计师的标准的认定有如下条件，前五条基本等同于前述对高级时装的界定，如：在巴黎拥有自己的工作室；至少拥有 20 名助手；服装必须量身定做；每年要举办春夏、秋冬两次发布会；每季至少要推出 65 套新款；每年至少为客户做 45 次不公开的新款展示。按照这个标准，目前全世界享有这一称誉和资格的著名服装品牌只有 25 家，法国 22 家，意大利 3 家，高级时装设计师屈指可数。

4. 成衣设计师（stylist）

在法语里，stylist 是成衣设计师。成衣设计师与高级时装设计师不同，他们服务的范围更加广泛，而他们的设计与高级时装相比，在面料、裁剪与缝制手段上要求相对较为宽松。

5. 导向设计师（trend setter）

导向设计师不同于一般的设计师，是指那些能够决定他那个时代的时尚潮流，或在一定程度上引导潮流所向的人。比如 19 世纪下半叶到 20 世纪初的导向设计师是查尔斯·弗雷德里克·沃思，20 世纪初有保罗·波烈（Paul Poiret），20 世纪 20 年代有可可·夏奈尔（CoCo Chanel），30 年代有艾尔莎·夏帕瑞丽（Elsa Schiaparelli），40 年代有克里斯汀·迪奥（Christian Dior），60 年代有皮尔·卡丹（Pierre Cardin）、伊夫·圣·洛朗（Y. S. L）和玛丽·匡特（Mary Quant），70 年代有维维安·韦斯特伍德（Vivienne Westwood），80 年代有克里斯汀·拉克鲁瓦（Charistian Lacroix）、詹尼·范思哲（Jianni Versace）和乔治·阿玛尼（Giorgio Armani），90 年代有约翰·加利亚诺（John Galliano）等。他们都在自己所处的时代对时尚的发展起到了举足轻重的作用。

图 1-18 20 世纪 20 年代导向设计师夏奈尔

图 1-19 20 世纪 30 年代导向设计师夏帕瑞丽

图 1-20 20 世纪 40 年代导向设计师克里斯汀·迪奥

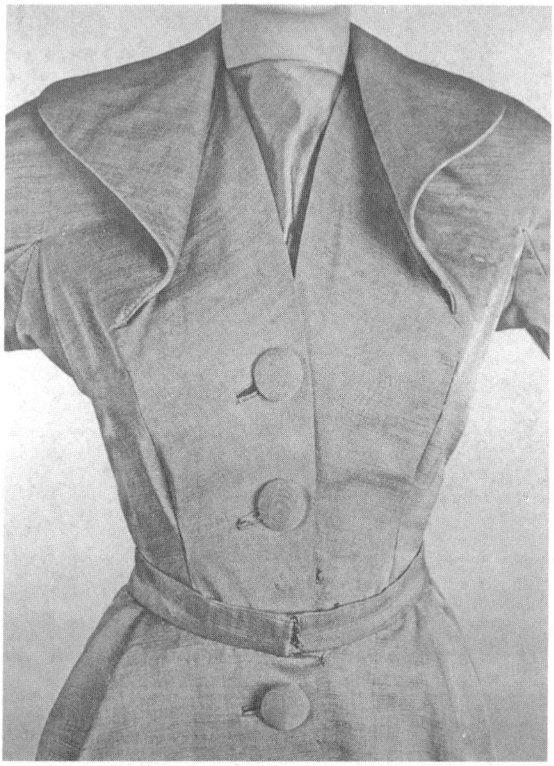

图 1-21 克里斯汀·迪奥设计的作品（局部）

图 1－22　迪奥品牌服装

图 1－23　20 世纪 60 年代伊夫·圣·洛朗和模特

图 1－24　20 世纪 80 年代导向设计师詹尼·范思哲

图 1－25　范思哲品牌的现任设计师当娜泰拉·范思哲

图 1－26 20 世纪 90 年代导向设计师约翰·加利亚诺

6. **款式设计师** (stylist designer)

款式设计师是那些在某类服装（如高级时装和高级成衣）流行达到顶峰阶段，将其进行一些改变（如改变面料、改变设计细节）从而得到适合普通大众穿着的、价位较为便宜的服装的设计师。他们是为生产商服务，主要工作是对他人的设计进行修改。

7. **服装面料设计师** (fabric designer)

服装面料设计师是服装企业中专门负责对产品的面料进行开发的设计师，主要对面料的材质、色彩、花纹等因素进行综合设计。服装面料设计师需要具有专业素质，这其中包括要掌握各种纤维、面料的特性，纺织生产过程中的技术因素，艺术思维和创造的能力，敏锐的时尚触角等。

8. **服装配色设计师** (colourist)

一些服装企业会设置专门的配色设计师，将色彩进行分列和组合并应用到即将推出的产品中，或将其应用到已推出的产品的改进上，以使产品系列在色彩上更加整体和协调。

9. **橱窗展示设计师** (visual designer)

企业越来越重视橱窗的展示设计，以此为专业的设计师要根据企业文化特点、本季服装设计主题和产品特点对橱窗、展示台、货架等进行统一的设计、规划和陈列，使得服装产品以最佳的视觉效果呈现在顾客面前，从而促进销售。

图 1－27　橱窗展示设计

(四) 关于服装结构

1. 服装结构

服装结构是将造型设计所确定的立体形态的服装廓形造型和细部造型分解成平面的衣片。通过对服装结构的设计，我们可以得到服装细部的形状、数量吻合的关系、整体和细部的组合关系，修正造型设计图中的不可分解的部分，改正费工费料的不合理的结构关系，从而使服装造型臻于合理完美；同时，通过对服装结构进行设计，可以为缝制加工提供成套的规格齐全、结构合理的系列样板。服装结构是服装工程的重要组成部分，它既是款式造型设计的延伸和发展，又是工艺设计的准备和基础。

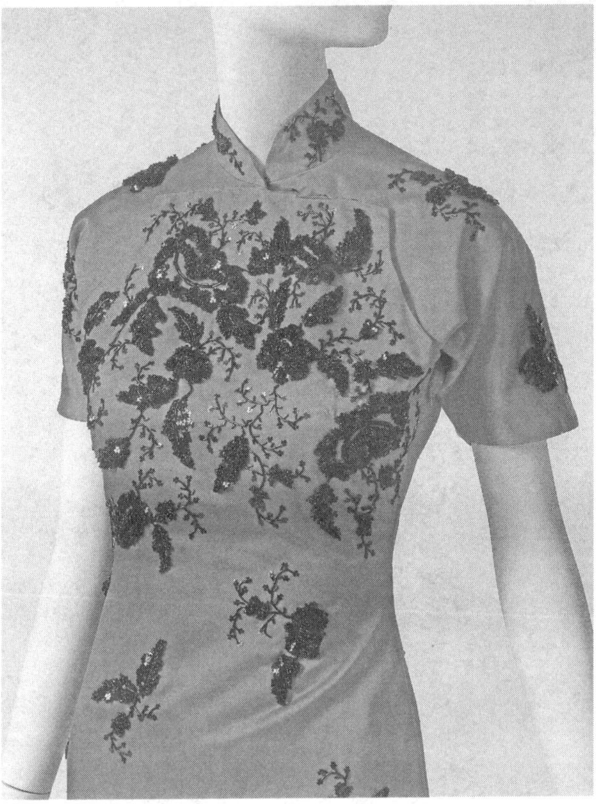

图 1-28　服装结构是服装工艺的基础

2. 服装工艺

通过对服装结构进行设计，我们得到了衣服的裁片，通过一定的工艺步骤，运用相关的技术和设备，把衣服的各个裁片缝合起来得到整件服装，这个过程就是服装工艺所要解决的问题。一般来讲，服装工艺流程应包括以下几个大方面：将各个衣片进行缝合、熨烫以及整理等。

3. 平面裁剪

平面裁剪是指借助于辅助工具（笔、曲线板、直尺等）画出所要达到的造型的平面展开图，得到衣片的纸样，再把这个纸样放在衣料上画下来进行裁剪的方式。一般较为常用的平面裁剪有原形法和比例法两种。

4. 立体裁剪

立体裁剪将二维的坯布或衣料直接放在人体或人台上，根据设计塑造三维的立体服装造型，用辅助工具（裁布剪刀、大头针、记号笔、皮尺等）在其上进行裁剪、定位、记号从而得到样板，并将其展开后拓在纸上进行修正，得到最终想要的板型的裁剪方式。

（五）关于服装产品

1. 成衣（法语：confection；英语：ready-to-wear）

成衣是指通过工业化大生产而批量生产的成品服装，这是一个与手工业定制加工的服装相对立的概念。工业革命后的19世纪末，机器大生产的出现和流水线的建立，使得这种以“大量的生产观念推出的批量生产的衣服”的概念得以诞生。因为流水线的生产降低了成本、节省了人力，使得成衣的价格较为便宜，成为满足最广大消费群的服装，也成为人们日常穿着的最为常见的服装类型。

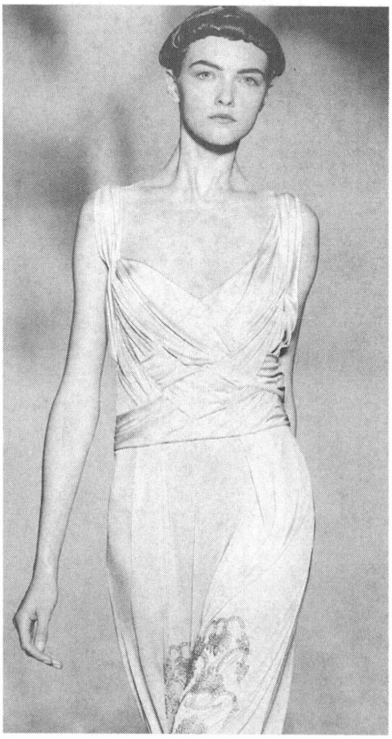

图1-29 迪奥高级成衣

2. 高级成衣（法语：pret-a-porter）

在巴黎，高级时装是一个与高级女装（haute couture）相呼应的行业。20世纪中期，在整个市场大趋势的影响下，一些高级女装设计师为了扩大品牌的市场占有率，在过去量身定制服装的基础上，又推出了批量生产的服装，也就是“高级成衣”。这是由高级时装设计师及其助手以广大的中产阶级为目标顾客，从最近发表的高级时装中选择便于成衣化的设计进行批量生产的服装，不同于高级时装的量体裁衣和手工制作。高级成衣有着规范的号型，采用一定的高级时装制作技术，比起成衣的生产规模来，高级成衣基本上保持在一个小批量生产的范围内。

图 1-30 服装品牌 D&G

3. 服装品牌 (clothing brand)

“品牌”是我们日常生活中一个常见的概念，美国市场营销协会这样定义品牌的概念：“品牌是一个名词、标记、标志、设计或是它们的组合运用，其目的是借以辨认某个销售者或某群销售者的产品或服务，并使之与竞争对手的产品和服务区别开来。”

随着服装市场化程度的加深，人们在服装上已经进入到品牌消费的时期：男装品牌、女装品牌、童装品牌、正装品牌、休闲品牌……种类繁多。各种风格、各种价位、针对不同受众的服装品牌满足了不同消费群体的穿着需要。

品牌这个概念在服装企业的发展中占有重要的地位，原因有二：一是今日人们消费水平和购买力有了一个很大的提升；二是服装虽然是介于“快速消费品”（Fast Moving Consumer Goods）和“耐用消费品”（Durable Consumer Goods）之间的商品，但随着生活水平和人们着装要求的提高，重复购买的特性使得服装越来越向“快速消费品”靠拢。对于一个服装企业来讲，拥有越多自身品牌的追随者就意味着得到越多的利润，而对品牌的打造是建立品牌忠诚度的最根本要素，因此品牌的重要性是不言而喻的，这也是今天众多服装企业非常重视品牌建设的原因。

图 1-31 设计师品牌：20 世纪 50 年代的夏奈尔套装

现在国际上的时装品牌主要由以下几类组成：

（1）设计师品牌

设计师品牌是以设计师的名字命名的品牌，如以设计师克里斯汀·迪奥的名字命名的品牌“Christian Dior”，以设计师可可·夏奈尔命名的品牌“Coco Chanel”等。这些品牌在设计师过世后仍沿用设计师的名字，如迪奥现在的设计师是被誉为“时尚顽童”的约翰·加利亚诺，夏奈尔的现任设计师是卡尔·拉格菲尔德（Karl Largerfeld）。

图 1－32　设计师品牌：夏奈尔广告

图 1－33　夏奈尔服装

图 1－34　服装品牌：迪奥

图 1－35　设计师约翰·加利亚诺的作品

（2）名人品牌

这是一类名人自己创建服装产品并用自己的名字作为品牌名字的品牌类别，其中较为常见的是影视明星和体育明星。因为具有名人效应，这样的品牌拥有较多的商业附加值。国外的影歌双栖明星詹妮佛·洛佩茨（Jennifer Lopez）推出了自己的服装和香水，中国的“体操王子”李宁推出了以自己名字命名的运动服饰系列产品。

（3）商店品牌

以商店的名称进行注册的品牌是商店品牌。在中国由商店推出品牌的历史悠久，20世纪二三十年代，上海的鸿翔女装和培罗蒙西装等品牌都非常有名。这些商店一般采取前店后厂的经营模式，即在门面展示、出售服装，在后面的场院里设有厂房进行生产。

国外的一些商店也推出自己的品牌，一般采取请其他公司针对自己的目标顾客群进行设计、生产的模式。

（4）工厂品牌

以工厂的名称进行注册的品牌是工厂品牌，工厂品牌在服装产业发展初期较为常见，现在一些衬衫、针织衫、袜子等设计含量较少的产品也有以生产它的工厂来命名的。

（5）公司品牌

公司品牌是现在市场上最为常见的形式，现在的大多数服装品牌都是以公司名称命名的，如白领、薄涛、爱慕等。这些品牌中有些是公司负责整体定位、款式设计，请服装加工按照样衣进行批量加工；有些是公司设计、生产、销售一条龙打造自己的品牌。

4. 服装产品系列

服装产品系列是服装公司在推出每季的产品时根据设计主题、产品风格、款式特征、颜色、面料等诸多因素（可以是某一个因素或某几个因素共同作用）人为划分的某类产品。一个服装产品系列应该包括风格相同的一定数量的服装及佩饰品。在销售过程中，如果某一个系列的服装产品销量良好，服装公司会很快对其进行设计和生产的追加：增加属于同一系列的新款式或增加已有款式或新款式的生产数量。

（六）关于服装表演

企业或设计师个人为了宣传自己的产品或设计作品往往会采用服装表演的方式来展示。在国际服装领域五大时装之都——巴黎、米兰、伦敦、纽约和东京在每年的时装季（二三月发布当年秋冬流行趋势，九十月发布第二年春夏流行趋势）

都会推出一系列的服装表演。

服装表演起源于19世纪，由著名设计师查尔斯·沃思首创。为了推广自己设计的服装，最初沃思使用假人形来展示衣服，取得了良好的效果。但沃思并不满足，接着让自己的妻子来展示新设计的衣服，效果更佳。最后他创制了让工作室年轻漂亮的女职员来展示新品的形式，并请上流社会的名媛太太们观看，从而诞生了服装表演这种新作品的展示方式和真人时装模特这个职业。

服装表演分为很多种类，既有上面提到的时尚之都顶级品牌的展示，也有企业和服装公司对品牌产品的展示；既有服装院校对师生作品的展示，也有大型商场对所卖产品的展示；此外，还有设计师对自己作品的各种规模的展示。

根据规模和档次的不同，服装表演可分为较高层次的时装发布会（collection）和一般层次的服装表演（fashion show）。

1. 时装发布会

发布的英文为collection，本意为“收集、采集、搜集”，是服装界fashion collection的简称，有着汇集一位或多位时装设计师的新作并公之于众的意思。这个叫法最早在时装圈内流行，是用来专指高级女装的发布会。1914年11月，美国纽约举行了公认的首次时装发布会，名为“纽约时装节”。

图1-36　时装发布会上克里斯汀·迪奥的作品

图1-37　时装发布会上亚历山大·马昆的作品

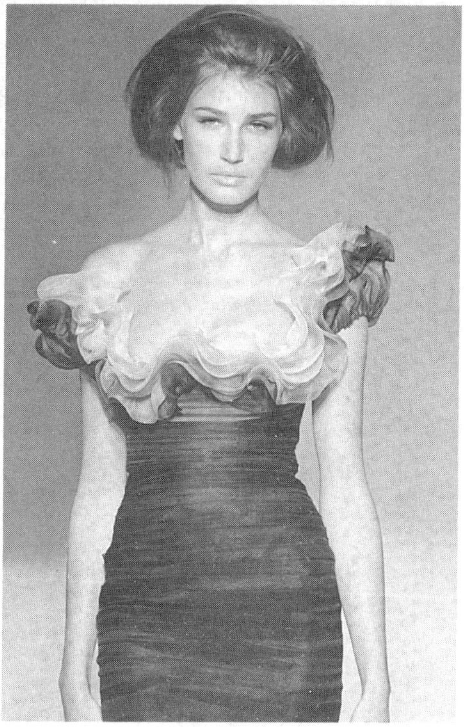

图 1－38　发布会是流行的推动力量

2. 服装表演

一般来说，服装表演的规格和档次要低于时装发布会，被广泛用以指称各种服装表演，即以衣服和饰品为主的展示活动。它是由设计师、公司、企业、商店和有关团体为了推广自己的服装，请模特穿上产品向有关的销售公司、媒体和普通消费者等进行展示的行为。

（七）关于服装文化

1. 服装风貌

具有一定的特征并能被人所识别的着装搭配与组成元素构成了服装风貌，它是一种整体着装风格，如多层风貌、超大风貌、迷你风貌等。

（1）多层风貌——Layered Look

多层风貌是指由数件服装组成的、具有重叠层次感的服装风格或穿着方式。多层风貌是与次文化的流行紧密结合的产物，在 20 世纪 60 年代和 70 年代以及整个 80 年代的时装舞台上占有一席之地。在 20 世纪 90 年代，多层风貌也出现在伸展台和人们的日常穿着中。多层风貌使服装可以自由组合，这种组合可以是同种风格的相加，也可以是多种风格的融合。

（2）超大风貌 ——Oversize Look

超大风貌又被称为“大风貌”（Big Look）或“V形风貌”（V-look），是20世纪80年代的一种全球流行的女性着装风格，主要特点是上装宽大、下装较为窄小。这种着装风格起初源于街头的青年便服，后被高级女装界所引用。

图1-39　多层风貌

图1-40　超大风貌（1）

图1-41　超大风貌（2）

超大风貌的组成要素之一是加上垫肩，以形成宽宽的肩部，可以是蝙蝠袖或插肩袖；此外，上衣的下摆往往垂至膝部，肩线甚至到达肘部，以T恤、大夹克和大衬衫为代表。

女着“男装”是超大风貌的重要组成部分，这个“男装”不是真正的男装而是将男装的元素加以运用——男性的西装背心、西装、猎装、运动服等都被略加修饰后采用。超大的风貌不仅能给穿着者平添一股英武之气，还能为身材较男人娇小的女性增添几分别样的新鲜感。

（3）迷你风貌——Mini Look

迷你风貌兴起的时间是20世纪50年代末至60年代初，伦敦时装设计师玛丽·匡特以街头风格为灵感，首先推出了裙摆至膝上数公分的短裙，这种款式充满青春朝气，能够使腿显得修长，所以一经推出就得到了少女的喜爱，而成年女性也因为同样的原因而不考虑自己可能已经发胖的体形而趋之若鹜。超短裙最盛时期甚至有膝盖以上20cm的惊人款式。随后，设计师皮尔·卡丹（Pierre Cardin）和安德烈·库雷热（Andre Courreges）把它引入巴黎高级女装的设计中，成为街头服装被高级时装引用的经典。到了20世纪80年代以后，这种超短的裙款已经不是一种时尚而成为普通的款式了。迷你风貌以超短裙和热裤等为基本款式。

图1-42 迷你风貌

图 1-43 “吉布森女孩”风貌

（4）“吉布森女孩”风貌——Gibson Girl Look

这是一种 20 世纪初（1902～1908 年）在美国年轻女性中非常流行的服装形象，创造这种风貌的不是一名设计师而是一位画家，他的名字叫查尔斯·达纳·吉布森，这种风貌开始于吉布森为富有的兰霍恩姐妹画的一幅肖像。

其实，从 19 世纪末开始，西方就出现了吉布森女孩的雏形，那时的一部分女性已经有了较为积极的社会意识，并不满足于附属品或金丝雀一样的家庭地位和社会地位。她们渴望像男人一样去工作，渴望实现自己的价值。服装就成了她们改变自身的第一步：繁复、多层的长裙和紧紧束缚身体的紧身胸衣成为首先需要去掉的东西，更方便、更舒适的穿着方式变得和美丽一样重要。

而画家吉布森的作品适时地诞生了，人们都不约而同的被“吉布森女孩”与众不同的形象所打动：画中的女性有着饱满的胸部、纤细的腰肢和丰满的臀部，整体呈美丽的 S 形，突出了女性的第二性征。

“吉布森女孩”不仅仅是一个时尚的偶像，它还代表了一种价值观和一种生活方式。20 世纪初的“吉布森女孩”们渴望与男人平起平坐，渴望实现自己的人生价值甚至是政治理想，渴望拥有根据自己的意志改变社会的力量。

（5）嬉皮士风貌——Hippy Look

嬉皮士是英文单词 Hippy 的译称，这是一种在 20 世纪 60 年代产生于美国旧金山的次文化。

嬉皮士是指反对并且拒绝社会传统标准与习俗的人，特指提倡极端自由主义的社会政治态度和生活方式的人。这是一群对社会不满而表现得消极颓废的年轻人，他们推崇东方哲学、非暴力和诗歌，他们迷恋摇滚乐、迷幻药和群居。

嬉皮士公开蔑视主流文化，以嘲弄和打碎社会道德与价值观为乐。他们留着长发，说着粗话，崇拜神秘主义的东方宗教。“嬉皮士”一词源于反叛文学家诺曼·梅勒 1957 年发表的《白色的黑人》一书，书中的主人公嬉皮史特是一个对当时社会充满憎恶的年轻人，后来人们就将“嬉皮士”作为这一代充满反叛情绪的青年的代名词。

嬉皮士们大多受过高等教育，提倡和平与仁爱，他们甚至向镇压他们的警察献上鲜花，并为自己取“花童”（Flower Children）这样的名字。他们反对一切正统的事物，宣告对主流社会和占统治地位的价值观的不满。

图 1-44　嬉皮士的服装形象

服装是嬉皮士向外界宣战的一个武器，并因此而开创了一种独特的时装风格。他们穿有洞的、破烂的、怪异的服装，他们颠覆了传统男性服装所必备的阳刚之气的概念，带动了中性服装和通俗服装的流行。

嬉皮士风貌中一个重要的标志就是牛仔裤，他们在牛仔裤上印花、刺绣和打补丁，从而形成自己的独特风格。但不论怎么变，这些牛仔裤都具有一些共同的特点，如臀部紧绷、腰身较低、裆部较短等，膝盖以上都非常紧身合体，而从膝盖以下就开始放松如扇形，长及脚面，走起路来拖拖沓沓，有一种颓废的美感。

（6）雅皮士风貌——Yuppie Look

雅皮士风貌兴起于 20 世纪 80 年代的西方。Yuppie 中的 y 代表 young（年轻），u 代表 urban（城市），p 是 professional（专业），也就是说，这是一群年轻的都市专业人士，从事的是那些需要受过高等教育才能胜任的职业，如律师、医生、建筑师、计算机程序员、工商管理人员等。也有人把“雅皮士”称为“优皮士”。虽然他们的着装、消费行为、生活方式及价值观等都带有较为明显的群体特征，但实际上他们并无明确的组织性。雅皮士衣着非常考究，显示出他们较为良好的生活状态。

雅皮士多由白领和知识精英组成，他们都有着较为优越的社会背景和较高的薪金。他们对生活品位要求严苛、对奢侈品有着发自内心的热爱。与嬉皮士们不同，雅皮士们没有颓废情绪，不关心政治与社会问题，只追求舒适的生活。

雅皮士的着装基本上由顶级服装品牌构成，从穿衣、佩饰，到座驾、家居，他们把对顶级品牌品质的深信不疑贯彻到了生活的每一个方面，而优雅地生活是他们的终极追求。

图 1-45 朋克风格服装（1）

（7）朋克风貌—— Punk Look

“朋克”是 20 世纪 70 年代西方最具影响的文化势力之一，是着装风格独特怪异的群体的代名词，出现于 70 年代末期的伦敦，与六七十年代的嬉皮士、摇滚乐有着千丝万缕的联系。穿着这类服装的人以学生、失业者和叛逆的年轻人为主，他们身上别着安全别针或刺上各种各样的花纹或字，剪着很短的平头，染着黄、红、绿、浅紫等突兀的颜色，听着刺耳激烈的音乐。

朋克一族几乎是反时尚的代名词，他们把狂暴与黑暗集于一身，他们所崇尚的是一般人很难接受的，如恶俗文化、自虐、身体穿刺、恋物癖以至其他种种怪行为。但无论如何，朋克风貌为设计师提供了无尽的灵感来源，也使它的发源地伦敦成为前卫时装的策源地之一。

朋克风貌的服装基本上都是由廉价的面料制成，因为他们喜欢用人为的方式把衣服撕破再用大号安全别针别起，所以其服装经常是开线、抽丝和破烂的，并缀满亮片、大头针、拉链等。黑色皮夹克、黑色紧身裤与有金属饰扣和拉链的牛仔裤是比较具有代表性的朋克服装。印有粗俗字眼、暴力图案和无政府主义言辞的 T 恤也是朋克一族喜欢的服装。朋克风貌的女装一般是由紧身裤、面料撕裂的裙子和皮靴组成。在这些衣服以外，他们还喜欢用粗粗的金属链绕在颈项上作为装饰。

朋克风貌的风行，在一定程度上撼动了当时的高级女装业，对高级女装的流行趋向产生了一些影响。

图 1-46　朋克风格服装（2）

图 1-47　“朋克之母”维维安·韦斯特伍德的作品

被誉为“朋克之母”的英国服装设计师维维安·韦斯特伍德在朋克服装的流行上起到了至关重要的作用。从 1971 年开始，韦斯特伍德与她的合伙人马尔科姆·马克拉伦（Malcolm McLaren）开办的位于伦敦皇后路的二手精品店“Let it Rock”就成为伦敦朋克服装的一个主要来源地。这个服装店先后被易名为“Too Fast To Live，Too Young To Die”，也被命名为“Sex”、“叛逆者”，并成为朋克和朋克时尚的地盘。

（8）摩登派风貌——Mods Look

摩登派是 20 世纪 60 年代在英国所崛起的一个次文化团体，也是当时最盛行的几种青年文化之一，这是由一群对时尚流行极度热爱的年轻人组成的团体。他们非常注重仪表，认真地打理头发，穿欧洲流行的和意大利款式的服装。摩登派偏好新奇事物、爵士乐和“Scooters”两轮摩托车，他们的装束强调纤瘦的身形。摩登派对新事物具有强烈的好奇心，这其中包括当时欧洲的新时尚和爵士乐。

摩登派的服装不强调男女的区别，线条较为简洁、流畅，身型较为瘦小，代表性服装有短夹克和窄身夹克、白色或米色风衣、尖头皮鞋和长筒靴。这个风貌的女装一般为便服短裙和合体长夹克，配以垂至脸颊的短发和苍白的化妆。

(9) 摇滚派风貌——Rockers Look

图 1-48 摇滚派风貌——马龙·白兰度在《飞车党》中的造型

这是 20 世纪 60 年代英国最盛行的几种青年文化之一，摇滚派将摩托车和摇滚乐糅合起来，拒绝接受他们看到的一切东西。皮夹克、皮流苏和金属链子是他们着装的标志。与摩登派相比，摇滚派的着装风格就不那么含蓄了：具有代表性的典型服装是缀满纽扣的黑色皮夹克，上面画着骷髅和刀子，搭配裤脚收紧的蓝色牛仔裤和深色的尖头皮鞋。代表形象是美国明星马龙·白兰度（Marlon Brando）在电影《飞车党》（*The Wild One*）中的经典形象——他穿着绣满主人公名字的黑色铆钉皮夹克、紧腿的深蓝色牛仔裤、黑色靴子、斜戴的鸭舌帽，微微皱起眉头，满脸漫不经心的表情，成为那个时代的偶像，也代表了摇滚派最经典的风貌。

(10) 民族风貌 ——Ethnic Look

民族风貌是带有民族特色的一种服装风格，是一种对民族元素和文化进行现代运用的设计与穿着风格，比较有代表性的是西方设计师对世界上一些民族风格的运用。从 20 世纪初具有里程碑意义的设计师保罗·波烈那一系列带有浓厚东方情调的设计，如孔子大衣、土耳其式裤子、蹒跚裙等开始，西方设计师对民族特色的设计方向就产生了偏爱。20 世纪六七十年代，很多设计师都以各种民族风格作为灵感进行设计，如圣·洛朗推出的俄罗斯系列、印第安系列时装。进入 20 世纪 90 年代以来，西方设计师对民族元素的运用依然层出不穷，如迪奥的现任设计师约翰·加利亚诺的 20 世纪 30 年代旧上海系列、埃及系列等，这些都使“民族的才是世界的”成为一条颠扑不破的金科玉律。

图 1-49　20 世纪 30 年代的民族风情设计

图 1-50　民族风貌系列（1）

图 1-51　民族风貌系列（2）

图 1-52　民族风貌系列（3）

（11）男孩风貌——Boyish Look

男孩风貌是20世纪一二十年代西方女装的一种主要风格。在这个时期，人们一反以往对曲线分明成熟女子形象的推崇，因而使男孩样的、尚未充分发育的少女形象成为当时的时尚形象。这个持续了十多年的女装风格具体表现为筒子一般的服装造型、低腰线、裙摆提高，与此搭配的是女子晒黑的皮肤和剪短的头发。总的来说，这是一种减弱女子第二性征的着装风格。

男孩风貌的形成主要是战争对人们的生活产生了深远的影响，当然，敢于标新立异的设计师可可·夏奈尔，她的服装、她的言行、她的气质也对这个时代女性的穿着影响至深。

（12）街头风格——Street Style

一般来讲，街头风格是下位文化的代表，但它却能动摇上层社会的时尚流行。从1962年至1968年，街头风格以其特有的魅力和新奇，挑战并最终颠覆了高级时尚的领导地位。街头风格时尚的中心是通俗文化——通俗艺术、通俗音乐以及通俗政治。在20世纪60年代，反映着这些事物的不同风貌一个个接踵而至：“披头士”、“摩登派”、“摇滚派”和“嬉皮士”，引起了人们的兴趣。

图1-53　男孩风貌的代表设计师可可·夏奈尔

图1-54　街头风格

街头风格也是一种反秩序的风格：它打乱了世代——从女儿到母亲，从儿子到父亲，从业余到职业的过程与秩序。街头风格往往将同时期的主流服装和二手服装放在一起，经过修改与装饰之后，使之产生一种新的风格。

（13）“新样式”——New Look

“新样式”的英文为“New Look”，是设计师克里斯汀·迪奥（Christian Dior）于 1947 年 2 月 12 日在法国巴黎推出的一个女装系列。

这个系列的女装具有优雅的女性特质——圆润自然的肩部、丰满挺拔的胸部、纤细的腰部和像百合花一样打开的裙摆。整个造型优雅、纤弱，具有浓浓的女人味。

“新样式”的推出有着它的社会背景，当时正值第二次世界大战刚刚结束，人们盼望重新回到战前的安乐时光中，女性更是希望摆脱战时的形象，向雅致娇美的女性角色回归。而迪奥的“新样式”恰恰迎合了人们的这种心理。据说当时观看这场发布会的女士们看着台上那一件件用料二十多码、裙摆到小腿肚的美丽衣服时，都不由自主地把自己短裙子的下摆向下拉。

图 1－55　新样式（1）

图 1－56　新样式（2）

图 1－57　新样式（3）

2. 服装流行与名人效应

在古代，时装主要来自于宫廷，而近代由于电影等文艺形式的普及，名人和明星往往会成为时装的源头。明星与服装流行的关系可上溯到20世纪初电影这种极具魅力的艺术形式出现的时候。随着电影业的发展，明星诞生了，这是一个具有非凡个人吸引力和时尚影响力的群体。通过银屏，男女演员英俊和娇媚的形象被人们所熟知，他们的一颦一笑、他们的穿着打扮都渐渐成为人们竞相模仿的范本。于是，明星与时尚开始形成相互影响、相互推动的关系，名人和明星着装影响时装流行的例子不胜枚举。

（1）奥黛丽·赫本（Audrey Hepburn）与纪梵希的合作

奥黛丽·赫本是20世纪对服装风格和时尚产生重要影响的一位好莱坞影星。她的容貌清丽脱俗，她的服装干净简洁，通过电影中的形象，赫本式的简单、现代的着装风格在20世纪中期深入人心。

奥黛丽·赫本对流行的影响与设计师休伯特·德·纪梵希密不可分，纪梵希曾经说过："女人不是单纯地穿上服装而已，她们是住在服装里面。"而赫本也是如此认为的。《浮华世界》（*Vanity Fair*）杂志曾经这样评价两人的关系——"奥黛丽对于她的品位与外表很决断，她之所以找上他，是因为他给她的形象深深吸引着她。她完完全全地进入了那个梦境。她也进入了他的梦想。"

赫本与纪梵希的合作开始于1953年，赫本在其担任主演的电影《龙凤配》（*Sabrina*）中三件重要的服装都是由纪梵希设计的。第一件是一套灰色的羊毛套装，是片中女主角萨布瑞娜从巴黎回美国时穿的衣服。第二件就是那件著名的礼服——合体的白色连身晚礼长裙，在裙摆处绣有黑色的花卉图案，两侧围着绣有同种图案的蝉翼纱。第三件是萨布瑞娜和男主角约会时所穿的一件一字领黑色小礼服，头上镶水钻的包头小帽是赫本自己挑选的。随着影片的上映，女性们都被赫本的服装所折服，从而引发了对赫本形象的追捧——无论是身材、着装还是男童一样的发式，也许这就是时尚偶像的魅力。以此为契机，两人开始了长达近四十年的友谊，也开始了持久的合作关系，此后纪梵希又为她设计了七个电影的戏服和她个人的服装，这些都对时尚界产生了持久的巨大影响。

（2）《蒂凡尼的早餐》与"小黑礼服"（little black dress）

赫本与纪梵希经典合作之一是在1961年的影片《蒂凡尼的早餐》（*Breakfast at Tiffany's*）中：赫本穿着纪梵希设计的一款小黑礼服，带动了新一轮简洁风尚的流行。

图 1-58 赫本与纪梵希的合作——《龙凤配》中的剧装

图 1-59 赫本在《蒂凡尼的早餐》中的“小黑礼服”（局部）

图 1-60 “小黑礼服”（全貌）

片中的女主角梳着高髻，戴着宽边墨镜，身穿圆领无袖的及膝收腰黑裙，戴过肘的与衣服同料长手套。服装所塑造出的高雅堪称经典，具有使人过目不忘的魅力，它摒弃了繁复华丽的元素，在洗练与简洁中见优雅，直到今天看来都毫不落伍。赫本在片中出演一个出身贫穷的高级伴游女郎荷莉，虽然表面上过着自由无羁的生活，但其实内心痛苦、缺乏安全感。荷莉喜欢在清晨时分的纽约第五大道上独自伫立在蒂梵尼珠宝店前，脸颊紧贴着橱窗，以艳羡的目光，观望着蒂凡尼店中的一切，赫本穿着小黑礼服着迷地盯着“蒂凡尼”的场景是片中的一个精彩画面。

这部影片被誉为“（20 世纪）60 年代最成功的喜剧影片”、“描写纽约生活的十部最佳影片之一”。该片也使奥黛丽·赫本荣获奥斯卡最佳女演员提名。对于服装和时尚的关系来讲，这部影片的意义非常重大，它无疑具有风向标式的作用，其简洁雅致的风格成为当时的流行时尚，也成为高雅的代名词。而“小黑礼服”由此著名，以至于它的英文缩写“LBD”在今天的时尚圈成为对这种款式的专门称谓。

（3）《欲望号街车》与白 T 恤

T 恤原系法国军服的内衣，也有人说它来源于美国马里兰安纳波利斯的码头工人的工作服。但要说起真正使它大放异彩并被广为接受的事件，就不能不提马龙·白兰度在电影《欲望号街车》（*A Streetcar Named Desire*）中的出色表现。这部 1951 年好莱坞出品的影片由著名影星马龙·白兰度和费雯·丽（Vivien Leigh）联袂主演。该影片获得了第 24 届奥斯卡最佳女主角、最佳女配角、最佳男配角、最佳黑白片艺术指导等多个奖项。整个影片的调子低沉，讲述了一个有关内心压抑的故事。在片中，穿着牛仔裤和紧身白 T 恤的白兰度眯着眼睛坏坏地笑着，浑身散发着一种近乎粗野的男子汉气概的形象，一下子使万千影迷倾倒，T 恤也因此而流行开来。

图 1-61 《欲望号街车》海报

随着这部电影的放映，以前只作为内衣的白 T 恤系列在美国许多商店被作为外衣出售。20 世纪 60 年代来源于街头的文化为“血统”并不那么高贵的 T 恤抹上了更多时尚的色彩，成为年青一代喜爱的服装。

（4）《飞车党》与黑皮夹克

如前述，美国影星马龙·白兰度于 1953 年在参演的那部描写青少年生活的影片《飞车党》中，扮演的摩托黑帮老大的形象被摇滚派奉为经典。这个摩托帮的年轻人骑着摩托车在加利福尼亚的各个小城间穿来穿去，寻找快乐打发时间。这部被影评家评论为“叛逆一代不朽的经典”的影片引发了新一轮的时尚流行。

图 1-62 《飞车党》剧照

剧中的马龙·白兰度斜戴着帽子，穿着翻领、收腰的黑色皮夹克，戴着同色的皮手套，下面是深蓝色的牛仔裤，漫不经心地皱着眉头，满眼调侃的神色。这个角色的塑造极为成功，以至于以他为代表的飞车党，穿着黑皮夹克开着双轮摩托车招摇过市的形象，成为年青一代热衷模仿的对象。从此，马龙·白兰度成为摇滚派的一个偶像，而黑色皮夹克也成为这股年轻思潮的代表性着装。摇滚派们会在皮夹克上装饰金属铆钉或金属链，画上或用刀刻上骷髅之类的图案。

（5）詹姆斯·迪恩（James Dean）与牛仔裤

20 世纪最有影响力的艺术家之一、波普艺术的领袖人物安迪·沃霍尔（Andy Warhol）认为，詹姆斯·迪恩一生只拍摄了三部电影，但即便他一生只拍一部，他依旧是 20 世纪 50 年代最伟大的男明星之一，由此可见迪恩魅力之一斑。

图 1－63　詹姆斯·迪恩

1873 年 5 月 20 日，李维斯（Levi's）在美国淘金热时诞生的矿工工装裤基础上，注册了第一条铆钉牛仔裤，这使其在时装史上留下了不可磨灭的印记。“二战”时它又被美军作为作业服，从此撒下了全球普及的种子。詹姆斯·迪恩 1955 年参演了《无因的反抗》（*Rebel Without a Cause*），他在剧中扮演一名聪明伶俐又多愁善感的农家青年，由于一直得不到严厉父亲的爱，所以进行了种种反抗，最后导致家破人亡的悲剧。这部影片集中表达了那个时代的青年人对被理解和认同的渴望。在这部影片中，迪恩创造了一种新的性感模式，用带着几分邪气的危险眼神征服了观众。1955 年，年仅 24 岁的詹姆斯·迪恩因车祸去世了，他在影片中穿着牛仔裤的形象随着这颗巨星的陨落，成为年轻人心中永远的伤痛与挚爱。随后，“垮了的一代”（Beat Generation）以牛仔来强调他们放荡不羁的形象，之后的反越战运动又为它烙上了“反抗”的烙印。因此，与其说牛仔是单纯的流行服装，

图 1－64　猫王也是这个时代的时尚偶像

毋宁说是印有“年轻”、“反叛”、“颓废”、“破坏”甚至“暴力”等重重印记的一个标识。

（6）玛丽莲·梦露（Marilyn Monroe）与夏奈尔 5 号（Chanel No. 5）

玛丽莲·梦露是 20 世纪五六十年代最受大众喜爱的明星之一。她的风情万种、她的性感妖娆在她离世的半个世纪之后依然吸引着无数影迷。

图 1－65　影星玛丽莲·梦露

图 1－66　著名的夏奈尔 5 号香水

“夏奈尔 5 号”香水是夏奈尔在 1923 年推出的第一个以设计师的名字命名的香水。这款香水的香气馥郁，瓶子的造型十分简洁、洗练，受到消费者的喜爱，但这些不是让它名声大噪的全部因素。有记者问性感影星玛丽莲·梦露穿什么衣服睡觉，她轻启朱唇说了一句留名时尚发展史的话：“I wear nothing，just a few drops of chanel No. 5!”（除了夏奈尔 5 号，我什么都不穿！）于是，梦露用夏奈尔香水裸睡的消息不胫而走，人们在窥视性感女神的香闺私密的同时，纷纷解囊购买这一著名的香水。此品牌的服装也因此得到了很好的宣传效应。

（7）格蕾丝·凯莉（Grace Kelly）与凯莉包（Kelly Bag）

格蕾丝·凯莉是一个具有传奇色彩的明星，在其短短的 53 年生命中，她扮演了如下角色：好莱坞巨星、奥斯卡影后和摩纳哥王妃。她是著名导演希区柯克最钟爱的女演员，她有着明亮的双眸、卷曲的金发、白皙的皮肤、苗条的身材、古典的气质和独特的穿衣品位。

格蕾丝·凯莉 1956 年嫁给了摩纳哥王子，1958 年《生活》杂志上，她手挽着爱马仕包挡在身前，以掩饰自己因怀孕而微微隆起的肚子。这只爱马仕棕色皮包也因此被命名为凯莉包，至今仍然名列“值得购买的包”前十位之一，并成为爱玛仕经典的镇店之宝。这款包因此成为经典，想要拥有必须提前预订，等待时间至少半年以上。

图 1-67　影星格蕾丝·凯莉

图 1-68　爱马仕凯莉包

（8）麦当娜（Madonna）与让-保罗·戈尔捷（Jean-Paul Gaultier）的“尖胸装”

1990 年，歌星麦当娜在全球巡回演唱会上穿了一套设计独特的“尖胸装”，这件服装的特点是“内衣外穿”，将女性的胸衣作为演出服，并且特别突出了 BP 点。这套服装在当时可谓大胆，让全世界记住了让-保罗·戈尔捷的名字，也领略了他前卫的设计风格。这之后，他的服装不断从蒙古、西藏、摩洛哥、印度、芝加哥黑帮、嬉皮、日本艺妓等不同国家或地区、不同民族、不同类别的人身上汲取灵感，设计出一件件惊世骇俗的作品。

（9）奥黛丽·赫本与菲拉格慕鞋（Salvatore Ferragamo）

奥黛丽·赫本之子肖恩·赫本·费雷在《天使在人间》中曾经这样写道：“当他（萨尔瓦托）看到一双脚为了迎合所谓的时尚而不得不挤进一双并不合适的鞋里受尽折磨时，内心深处是多么地痛苦。这也许就是他能够成为有史以来最伟大的鞋子设计师的原因。他设计鞋子的动机很单纯，只是想让穿鞋的人更舒服。”而赫本穿衣是最注重简洁、高雅与舒适的，于是开始了一段与菲拉格慕的“仙履奇缘”。

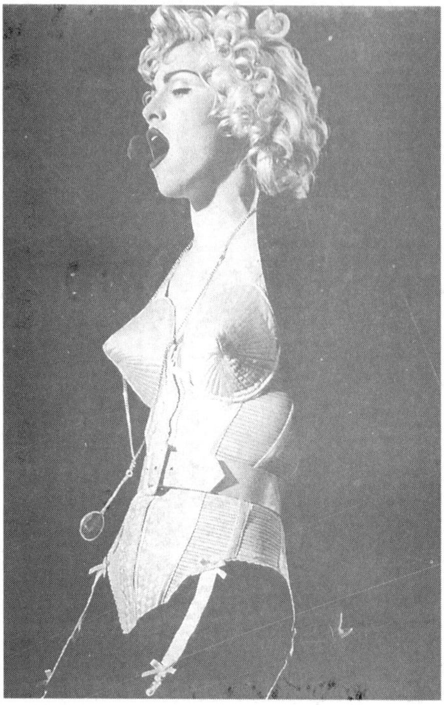

图 1-69　麦当娜穿着让-保罗·戈尔捷的“尖胸装”

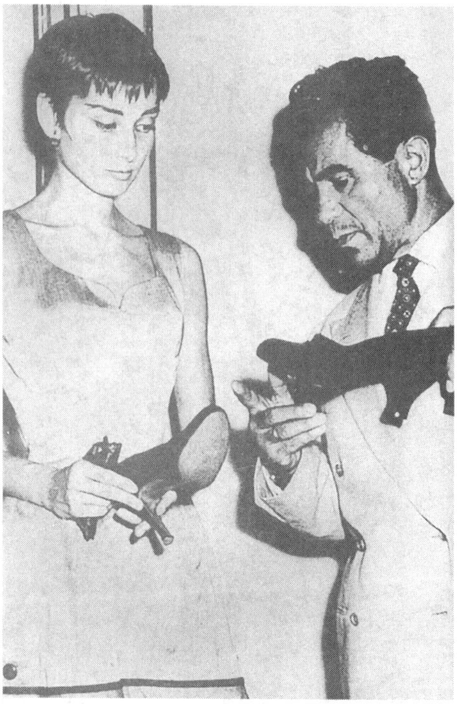

图 1-70　菲拉格慕和赫本

图 1-71　萨拉·杰西卡·帕克

赫本最初了解菲拉格慕鞋是从参观 Palazzo Feroni Spini 时开始的，这座古老建筑是佛罗伦萨有着 700 年历史的一座行宫，是菲拉格慕的总部，包括公司的设计部、办公室、陈列室和一间旗舰店。出演《罗马假日》后不久，赫本前来参观，她剪着清凉短发，身着简洁收腰裙，手臂上挎着一个竹篮手袋，干净简单而又清纯脱俗，像一个坠入凡间的精灵。品牌创始人萨尔瓦托强烈地感觉到赫本身上的气质非常吻合菲拉格慕的品牌特质，决定专门为其进行设计并为其制作了脚模。赫本身材纤细修长，并且她也并不喜欢高跟鞋的束缚，萨尔瓦托针对这一特点为赫本制作了 10 双她最爱的平底鞋。从此，赫本成为菲拉格慕的忠实客户。而赫本所喜爱的这种平底鞋也成为菲拉格慕经典的热销款。

(10) 萨拉·杰西卡·帕克(Sarah Jessica Parker)与莫罗·伯拉尼克(Manolo Blahnik)鞋子

1998～2004 年热播的美国系列电视剧《欲望都市》(*Sex and City*)中有一个经典的时尚片断(fashion moment):女主角凯瑞(Carrie)在被劫匪打劫时,苦苦地哀求劫匪:"Please don't take my Manolos!"(求求你别拿走我的莫罗!)随着这部风靡全球的美国电视剧的热播,鞋子品牌——莫罗·伯拉尼克走到了时尚的最前端。其实,凯瑞的饰演者萨拉·杰西卡·帕克在银幕下也喜欢穿伯拉尼克的鞋。

这个品牌的鞋子有着窄窄的尖头和细细的高跟,鞋面、鞋带和鞋跟上常常缀满水晶、人造宝石、羽毛、绣花、珠子和丝缎。其华美外形和舒适的穿着感觉,使之常常成为明星们在奥斯卡颁奖典礼上的首选之一。

第二节　服装意义

一、服装意义的社会性

衣服与佩饰不是自然物,而是社会经济活动的产物。从服装来说,无论是人类童年时代的手工艺制品,还是现代工业机械加工的产品,从它在商品流通过程中所充当的角色考察,都明显地带有社会性。尤其是衣服、佩饰的造型、纹样及其色彩的构成、定型,大都是经过在人的头脑中一系列思维活动加以组织并生成的,而这种思维活动本身也自然受到社会诸多因素影响。

从另一个方面看,服装的制作者和穿戴者都是社会的人,因而衣服、佩饰与人本体所构成的着装形象,必然成了最普遍而又最具典型意义的社会事象。这也是社会生活的必然。而且,由于作为服装载体的人将这一类物品附着在自己的躯体上以后,是去从事或参与各种社会活动,才使服装能够全面地展示其物质与精神的双重功能,这也就体现出更重要的社会价值。

中国历来有"衣冠文物"的说法,它与"典章制度"常常联系在一起,在中国浩瀚的史书中,每一个朝代的衣冠制度,特别是对帝王百官在各种不同场合的服装要求都被详细而完整地规范,连同出行车马仪仗规格统称为"舆服"而载入史册。

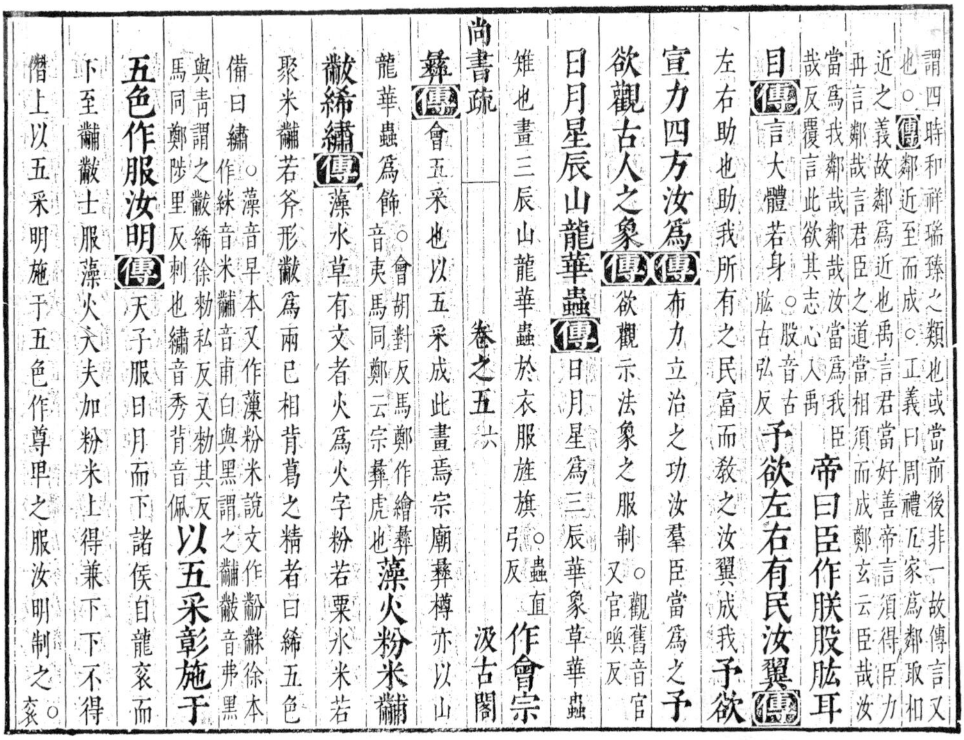
謂四時和祥瑞臻之類也或當前後非一故傳言又
也。傳鄰近至而成。正義曰周禮五家爲鄰取相
近之義故鄰爲近也禹言君當好善帝言須得臣力
丹言鄰哉言君臣之道當相須而成鄭玄云臣哉汝
當爲我鄰哉鄰哉汝當爲我臣
哉反覆言此欲其志心入禹
帝曰臣作朕股肱耳
目傳言大體若身。○股音古肱古弘反予欲左右有民汝翼傳
左右助也助我所有之民富而教之汝翼成我予欲
宣力四方汝爲傳布力立治之功汝羣臣當爲之予
欲觀古人之象傳欲觀示法象之服制。○觀舊音官又官喚反
日月星辰山龍華蟲傳日月星爲三辰華象草華蟲
雉也畫三辰山龍華蟲於衣服旌旗。○蟲直弓反作會宗
尚書疏　卷之五　六　汲古閣
彝傳會五采也以五采成此畫焉宗廟彝樽亦以山
龍華蟲爲飾。○會胡對反馬鄭作繪彝音夷馬同鄭云宗彝虎也藻火粉米黼
黻絺繡傳藻水草有文者火爲火字粉若粟冰米若
聚米黼若斧形黻爲兩已相背葛之精者曰絺五色
備曰繡。○藻音早本又作薻粉米說文作黺䊵徐本作絲音米黼音甫白與黑謂之黼黻音弗黑
與青謂之黻絺徐勑私反又勑其反馬同鄭陟里反刺也繡音秀背音佩以五采彰施于
五色作服汝明傳天子服日月而下諸侯自龍袞而
下至黼黻士服藻火大夫加粉米上得兼下下不得
僭上以五采明施于五色作尊卑之服汝明制之。○袞

图 1－72　《尚书·益稷》书影（明汲古阁刻本）

纵览中国史籍中的《舆服志》，几乎能清晰地看到并感受到社会的文明与文化的进程。就在此进程中，包含着宏大的历史内容，反映出每一时代的社会思潮及社会动向，特别明显的是统治阶层的思想倾向，以及人本体经过服装的辅助功用所进行的自我调适。人进行这种调适，主要是力求完善地扮演自身所承担的社会角色。

中国所谓“黄帝尧舜垂衣裳而天下治”（《周易·系辞下》）就特别提出了在塑造帝王形象时服装所起到的不可替代的作用。除去最高统治者以外，属于国家执法部门的一切相关人员的服装都直接起到肃正法纪以及“助人伦，成教化”的作用，注重在对违法的人产生威慑的同时，又将公正严明的印象留给所有的民众。

以上这些说明服装文化绝不是空泛的，着装形象也不是孤立存在的。在所有的人类生存的区域中，所有的由社会的人和衣服佩饰所构成的着装形象群中，都倾注着明显的社会观念，带有鲜明的社会色彩。无论是处于蛮荒时期的原始人，还是高度文明时代的现代人，在这一点上只有程度的不同，却没有本质的差异，只要他们拥有服装，也就是说已懂得以衣服或佩饰来装扮自己，就再不能忽视他们在社会中的地位。尽管他们身上仍保存着或多或少永远不会消失的自

图 1-73　金代马云卿《维摩演教图》(局部)

然属性。

综上所述，可以得出这样一个结论：服装意义的社会性是服装文化中一个重要的方面。

(一) 服装与社会生产力

人的物质生产与精神活动构成了社会活动。社会生产力是构成社会的一个基础，它体现出不容动摇的社会地位。物质财富的生产方式制约着整个社会生活，也就是说反映在精神生活和为了维持某种群体秩序的事务中的物化了的意识形态，直接标示着社会生产力的水平。由于衣服与佩饰既属于物质产品，又属于精神产品，因此在这一点上表现得尤为鲜明。

衣服与佩饰离不开物质原料，用比较恰当的定义，是指利用一定物质材料，经过构思、设计、制作完成的具有实用性兼装饰性的物质产品。于是，在开发自然、利用自然资源的劳动中，它们显示了人类文化的进程。自然界为社会生产力

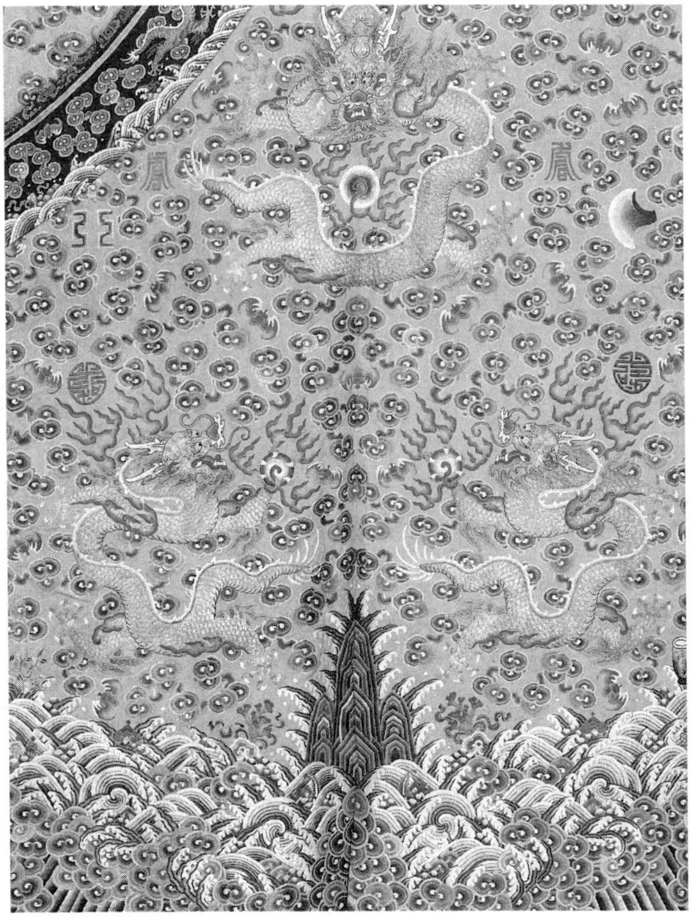

图 1-74　塑造帝王形象时服装的作用——龙袍局部

的发展提供了物质的资料，当然也成为用于工具加工的劳动对象。人类在生产过程中以自然物为劳动对象而取得的诸如衣服与佩饰等物质生活资料，无一不是从自然界索取，又经过人类制作完成的。因此，可以得出一个结论：衣服与佩饰的发生、发展直接与社会生产力有关。如若没有养蚕缫丝，就不可能有中国的丝绸衣；没有羊毛的剪理纺织，也不会有欧洲的羊毛袜；加之亚麻、木棉等受自然界原有物质启发而进一步人工培育的物质材料源的发展和社会生产力的不断推进，使衣服与佩饰一步步走向高级与华美。

再延伸到现代，如若没有工业革命，没有大机械工业的异军突起，也许衣服和佩饰的加工还要囿于狭小简陋的作坊之中。而缝纫机的使用，不仅使服装加工的速度大大加快，同时使大批量成衣的问世成为可能。再以后，随着工业机械与仪器的精密度的提高，特别是电子、激光等高级技术的应用，使佩饰的质料由天然而转为人工，出现了真假难辨、以假乱真到绝妙境地的人工合成宝石等。与此相近的技术应用在服装上，不仅出现了较之纯毛、纯棉之类的天然纤维要结实挺

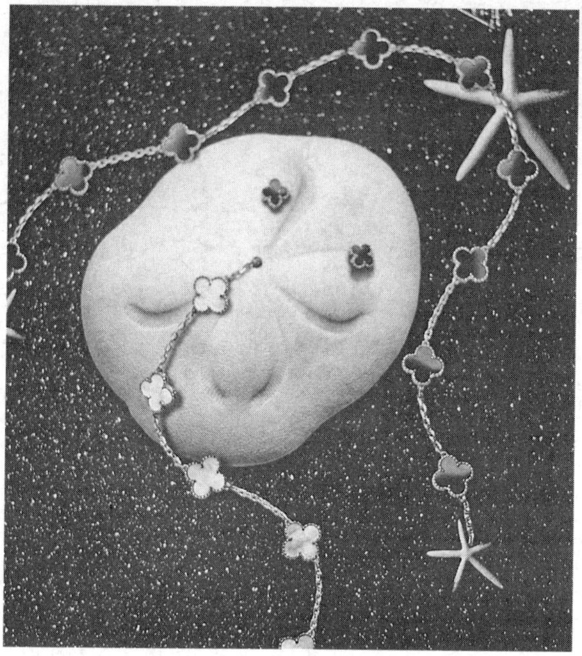

图 1-75　机械工业使佩饰更加精美

括的化学纤维制品，而且也如同宝石佩件一样，出现了酷似动物原毛的化学纤维裘皮大衣，这些都是社会生产力发展到这一水平前人们所预料不到的。但是，事实证明，无论人们对此抱有或褒或贬的态度，社会生产力发展而导致的服装与佩饰质地以及制作风格的演变趋势都将势不可当。具有代表性的如中国封建经济达到巅峰的唐代、日本战后经济重新崛起之时和欧洲工业大革命以后，衣服与佩饰的制作工艺都达到了前所未有的高水平，质料和款式以及所绣绘的图案也都呈现出高贵、豪华的趋势，其瞬息万变的流行时装往往令人目不暇接。造成这种服装风格的原因也可能是多方面的，如开放口岸、加强交流、统治者采取宽松政策等，但是造成这种服装总体风格的物质基础绝对是社会生产力的飞跃发展。

（二）服装与伦理道德

伦理道德是抽象的概念，但是对整个处于社会形态中的人类来说，却犹如一张无形的网。千百年来，服装一直受到社会伦理道德的制约。文明程度越高，伦理道德在人们头脑中越是根深蒂固，相对来说，人类童年时期服装与伦理道德的关系要简单得多、松散得多，远没有后来这样形成一股潜在的势力，而且有其系统性和关联性，以至服装可以在一个区域内直接反映出道德标准的规范化，而整体着装形象甚至可以说是伦理道德的产物。

道德，是人们自觉用来控制社会生活的行为准则，反映或标明一种社会风习或崇尚。它是由习俗发展而来的，但是又不同于习俗。习俗的范围很大，遵从习俗的宽泛度也很大，人们可以在一定的范围内“不从俗”。可是，如果违反了道德的标准，将会背上“不道德”的罪名，尽管它区别于纳入国家执政范畴的法律，但是社会舆论足以使某一个人或某一个团体无立足之地，其结果是可以想象的。由此我们完全能体会到道德在服装穿戴上所起到的不成文的规定是严肃的，它左右人们着装观念的力量丝毫不逊于法律，而且当某种道德标准深入人心并在一定时期内未有改变趋势的情况下，尤其令人战栗。假如有胆敢越雷池半步者，常常是折戟沉沙。换个情景，如正在面临一场或正在孕育着一场大的变革的时期中，有大胆改革或看似有悖于道德者尚可为社会所容，当然总会有人出来指责，大多数人做观望状。这些有魄力者的结局或是引起服装的革新运动，或是终被视为怪人，招致侧目与非议。

时间的推移与世事的变迁自然会影响伦理道德观念的更易。美洲的印第安人在哥伦布最初赠给他们红布时，将其分发给所有成员，红布当然做不成衣服了，因为被撕成了条状。但是现在的印第安人早已是另一种风姿，他们当时所不齿的衣服现在成了必然，而早年的举动倒成了难以理解的带有原始韵味的行为。共同的契约不一定只存在于文字之中，它同样可以以视觉形象存在于服装上，因为服装在工艺品种中反映文化是最经常最充分的。文化中的伦理道德观念体现在着装上最醒目，同时又最有潜在性和稳固性。

（三）服装与社会制度

社会生产力是服装产生的物质基础，决定着服装工艺的水平。社会伦理道德是服装形成过程中潜在的社会行为准则，它决定着服装整体的风格。而国家制度则是以硬性条例规定服装在人们穿着中的规范。尽管这种法不同于法律，但在强制性上有时甚至超过法律。只有在相对宽松的氛围中，服装的放任和含蓄才可能在一定程度上突破法约。

国家制度对服装的约束不一定完全付诸于文字条令，有时表现出的倾向性是来自执政部门或者执政者本人及集团。某一种服装色彩或某一种穿着方式是否遭受干预，就等于表明了执政阶层的立场与观念。西方国家曾有《节约法令》的颁布，中国更有《舆服志》的规定。但服装穿着毕竟是个人的所谓“私生活”，人们可以从中找出一些既不违反制度而又别出心裁的着装方式，以谋求自我设计的着装形象。初看起来，服装的社会约束性类同或近乎禁忌民俗，其实同中有异。国家制度的约束多是来自上方，即执政部门的，而民族习惯中的民俗约束则是植根于广大民众之中，也许曾有很多执政部门的意志被融入其中，但毕竟经历民众多少代人的选择、发展与认同，因而两者有着本质的区别。

国家制度的含义是广泛的，它既可以指整个社会实体的精神约束，又可以指一个国家的具体制度，故也可以统称为社会制度。社会是人类生活的综合体，是各种社会关系的总和。而所谓社会制度，就是这些关系的规范体系。有什么样的社会关系，就会有相应的社会活动，服装作为人的装束的基本物质，在社会生活中起到各种强化意识的外在力。因为人类自产生社会制度以来，服装以及具体穿着方式就与其有着不可割裂的密切关系，而且较之伦理道德要明确得多，较之法律又要灵便得多。无论从概括性还是从强迫性方面，服装都有自己的特点。

图 1-76 《历代帝王图》（局部）（晋武帝司马炎）

服装制度的生成既不是完全凭借某一个人的主观武断，也不会逆当时的时代潮流行动。这与因某一统治者的好恶而引起的服装审美习尚的变迁还不同。社会制度的推移与彻底改革比某一统治者的影响要客观、全面得多，因而影响范围与科学性也更广阔而强烈得多。服装在社会制度的整合作用中还起着相当重要的作用。确立一种社会制度，是由于人们必须在一定的规范下结合起来，按照这个规范行事才能生活下去。

当然，人们在一定规范下的这种统一，无论就统一的方式和内容看，都不是某一个人随心所欲的结果，主要是由特定的社会历史条件所决定的。从宏观角度上考察，服装因社会制度所引起的变异只是服装社会性的外因之一。

(四) 服装与宗教信仰

宗教是人类社会发展到一定阶段的历史现象。宗教信仰、宗教感情以及同这种信仰和感情相适应的宗教仪式和宗教组织，都是社会发展的历史产物。而最初的服装即与人类早期宗教仪式有关。有实例表明，在原始社会时期就非常盛行的巫术活动中，服装，当然主要是巫师的服装与佩饰有着举足轻重的作用。而且在各民族所信仰的各种宗教中，服装往往成为神的象征、崇拜物或者是所有信仰者的一种虔诚心理的寄托。服装，作为文化的表征，它不仅在宗教仪式上不可或缺，在宗教感情上更有着不可替代的地位。

图 1－77　藏族的跳神面具

服装与宗教信仰的关系包罗内容很多，但总起来可以看出，宗教信仰是服装社会性必不可少的外因之一。对于全人类的服装文化来说，它与所有社会性的活动都有着千丝万缕的联系，同时相辅相成。宗教首先是社会现实通过虚幻形式反映出来，而后又为人类社会生存提供了精神生活的要素，因此必然触及人们的日常生活的诸多方面。当宗教教义与人发生关系的时候，不管是导引还是约束，都需要一个形象。这个形象可以是神化了的人，也可以是拟人的象征物，总是与人的外形和心性分不开。服装与宗教信仰，始终贯穿在人类文化活动之中，它使神接近了人，使人靠拢了神。服装在其中，既为神佛形象罩上了人的外衣，又为普通人罩上了想象中的也可能是梦幻中的不同于人类日常穿着的服装。就在这两重双流道的运动过程中，服装辅佐了宗教，宗教又使服装得到升华。

(五) 服装与国际交往

服装文化，首先集中表现出鲜明的民族与社区特征。而这种特征的形成除了自然条件的影响之外，还在很大程度上取决于服装的社会性。社会性已不是单体的概念，服装社会性更是一个网括了众多社会因素的复合体。既是复合体，必然包含了纵的传承关系的符号积累，同时又受到其他区域文化的横向的缓慢浸入或是强烈冲击。服装在国际交往中所处的醒目且又深蕴的地位，所起到的传播作用及由此而造成的立体效应与物化结果，正可以说明这一点。

图 1－78　迪奥品牌的埃及风情系列

1. 服装与国际交往的表现形式

(1) 积极交往

中国是世界上养蚕缫丝最早的国家，因丝绸之路的开通而使中亚、西亚以至欧洲知道东方有一个“赛里斯”(希腊语 Seris) 国。丝绸作为上等的服装面料吸引了众多爱好新奇美服的异国人。于是，人们开始千方百计地寻求这种服装质料的制作方法，当然初期只是为了得到这种服装质料的实物。丝绸之路沿途墓葬中出土的陶俑中有不少是波斯或是欧洲人模样的商贩，他们深目高鼻，满面胡须，牵驼背囊，风尘仆仆，尽管他们冒如此风险、历如此辛苦的最大驱动力是获取利益，但是他们对异国他乡的丝绸面料的兴趣是不可置疑的。在他们身后有着不少对新鲜服装面料翘首以待的人们，因而，总的社会需求促使他们其中的一部分人去积极进取。

（2）消极交往

强大一方对弱小一方所采取的带有强制性的交往过程，应该说是消极交往。

这种现象中，尽管一方是采取积极的措施，但由于是强加于接受者身上的，因而即使接受者的行为已形成事实，但那只是服从于强权，迫于无奈，所以应该把它归为服装的消极交往，以区别于积极交往和自然交往。

遍布于世界七大洲的殖民主义统治是最普遍的消极交往形式。所占区域的服装虽然在短期内还能保持本民族特色，但在各种社会制约力中，人们为了求得生存环境或者说能有较好的生存环境，就必须违背自己意志穿上殖民者国家的衣服，并严格遵守殖民者国家的服装规范，以此作为取得合法地位的首要条件。也许，探险家刚刚登上新大陆时，扔给土著居民令其做衣服的红布还带有积极影响的成分；可是到了后来，殖民主义者公开宣布取消文身，就不能不说是带有强制性的行为，因而遭到当地青年男子们的激烈反对。当八国联军瓜分中国时，其属地明令不准男性穿背心上街，也不许将衬衣的下摆放在裤外。不管其结果是否促进了人类的文明，这种交往形式也应该属于消极的。

（3）自然交往

自然交往是无意识的，既没有主动去谋求他民族他地区新的服装，也没有被迫接受异国服装。所以，服装上的自然交往，往往是在平和气氛下进行的，而且是在不知不觉之中交流。这一类例子很多，具体缘由也是各种各样，有些应归结到服装心理学中去。因为，促成国际间服装自然交往的因素相当多是缘于人们的趋新心理。从社会学看，则是表明了社会文化变异与交流的必然性。在欧洲2 700多万平方公里的土地上，居住着32个国家，这些国家大都集中在西欧和南欧，可见其密度是相当大的。自古以来，这些国家之间的关系十分和谐，往来十分轻松。就服装而言，更是互相效仿、学习，常常是一种服装在某一国内被发明出来，很快传播到毗邻的国家；虽然不一定是原封不动，但是通过国际交往而在服装社会性上注入了多方位的文化信息。西班牙撑箍裙在这种自然交往中风靡全欧洲。东欧各国农村少女肥大的花裙，一眼望去差别很小，连细碎而鲜艳的花纹都很近似，也是自然交往、互为影响的结果。

历史上民族的大融合（例如过去的苏联）或民族的大分裂（如奥匈帝国），也都属于服装方面的自然交往时期。这些可以从一点推及全面，揭示出服装文化上自然交往的普遍性和长久性。

2. 服装文化交流的特点

（1）直接吸收或间接吸收

服装上的直接吸收就如同人站在镜子前照一照容貌那样省力、省时、省心。有时只是两个人擦肩而过的一瞬间接触，一人服装上的某一点引起对方兴趣，即可以在短时间内被对方吸收，并很快又形成一种在新环境或新内容上的新的服装形象。扩展到区域性的服装交往，邻近国家互相学习彼国服装以用来装饰自己，充实该国的服装品种或具体款式，是自有国境线以来从未间断过的传播模式之一。

服装在国际交往中的间接吸收模式今日与古代有所不同。古代由于交通工具的限制，间接吸收的传播过程大多是通过第三国的直接吸收转而又给另一国提供信息。而今日则可以通过多种渠道，常常是用电视、电影、报纸、杂志、互联网等新闻媒介，将一个国家的服装如实地呈现给其他国家的受众。尽管他们相距万里之遥，但是异国他乡的服装，可以在两国人民并未直接接触的情况下，以极为详尽、写实的报道和画面为接受者提供真实的服装以及整体着装形象，从而弥补了由于国与国之间山海阻隔不能直接接触继而吸收不足。这种方式为服装社会性的丰富内涵拓宽了领域。古代的间接吸收有时是包含了第三国的参与，因大多不是原有服装的刻板重现，而是经过了第三国的改造或再创造（发展），必然融入了第三国的文化观念。应该说从这种间接吸收本身来讲丧失了纯真性，但从人类服装文化的整体发展来说，当然只是传播模式的一种，因而无所谓利弊。

图 1-79 多种渠道了解时尚——时装杂志

（2）选择性吸收

无论服装在国际交往中如何引起人们的关注，以至有史以来都使人们对其倾注极大的热情，有一点事实很清楚，即积极交往和自然交往中对服装的吸收都显现出相当大而且明显的选择性。即使在吸收初期有全盘接受、依样画葫芦的盲目趋势，后来随着装者的人格成熟也会自然选优汰劣，即选择适合本国自然条件和审美意识的，从而使其他不适合在这一方土地上的服装成了昙花一现的时髦品。尽管它也许本身很美，但由于它的美点不适合该国人民口味，或是功能性不适宜该国人民的客观需求，也就只得自生自灭了。当中国的丝绸传至地中海时，地中海的人民根据当地温暖潮湿的气候特点，只选择了丝绸织物，并将其加工得更细更薄，而并未吸收中国的裹得很严的宽袍大袖。

在国际交往中，带有选择性地吸收服式，既可以表明人的自然本能（适用不适用），也可以反映出人的社会特性：一切为了有条理、有规范、有秩序地建立自己的服装文化。

（3）合成性吸收

服装在国际交往中的互为吸收现象越活跃，服装文化的合成性中含金量也就越高。换句话说，效仿异国服装或是带有选择性地吸收异国服装都只是正常交往中的手段，而最后合成为具有自己特色的服装文化才是目的。纵观人类服装交往很明显的一点即是很难说哪一种服装就是属于哪一个国家所独有的，即使是在某一阶段中称为某一国的传统服装或专有服装，其中也往往遗留着或者是包含着其他国家服装的特色。合成性是人们在创造服装文化时所表现出的巧思与睿智，也可以表现出文化渊源关系，更可以说是人类高度文明的体现。

国际交往作为服装社会性的外因之一，较之宗教信仰、社会制度、伦理道德和生产力来讲，更有着不可预见性。因为它很难摸索出一条必然的趋势，所受的影响也是来自四面八方。信息传播方式和交通工具越先进，国际交往也就越频繁，就越难预料服装会朝哪一个方向发展。

二、服装意义的民俗性

民俗是人类文化的组成部分。服装民俗是服装文化的组成部分。服装与民俗具有不可分割的共生性。一个民族或居民聚落点有什么样的习俗、风尚，就会产生什么样式的服装，出现什么样的着装形象。民俗既映现出物质文化特征，也映现出精神文化特征。服装是这种反映的最直接最生动的现实。服装是一个国家或一个民族的风格、习尚、风情的产物和载体，从服装中可以观察到民族过去与现在文化心态的外化面貌；服装的发展变化，当形成固置状态以后，也必然会丰富一个国家或一个民族的风俗与风情。

(一) 服装与民俗的历史性

服装与民俗同样源远流长。自从人类的意识和行为明显区别于动物之后，人便在万物有灵的崇拜中，往身上披挂自然物质——原始服装。人类童年时期的郑重“游戏”——早期民俗，可以说与原始服装同时诞生。

这种原始的民俗事象，包括民俗意识和民俗行为的详细程序和周密安排以及民俗事象中人的表现，特别是有关民俗与服装的密切关系，都是那一时代的历史产物，如今仍可以在历史“活化石”中寻觅。如亚洲的鄂温克族、鄂伦春族和赫哲族等，都是狩猎民族。

图 1-80　赫哲族老年服装

他们每当捕熊归来，总要举行一系列的祭拜仪式，以求辟邪，防止熊对人进行报复。他们先将熊放在床上，给熊洗脸，并给他们穿上带襟的衣服，戴上帽子，在它面前供上鱼类和果子。人们也要戴上假面具，通宵给熊唱歌。待将熊皮剥下来后，人们还要披上熊皮，围着火炉转圈，以向熊讨好，恳求熊消除怒气。给熊穿衣戴帽，表现出人渴望以此来显示对熊的平等和亲切态度；把熊皮穿在自己的身上，则又是一种屈从与谄媚；而脱帽致敬更是表示人以对人或者说对尊者、长者的恭敬去对待熊。这些习俗是非常原始的狩猎部落对动物崇拜仪礼的遗留。它是在远古时期基于对熊的恐惧心理和万物有灵观念的基础上形成的，真实地再现出服装与民俗事象一体相连的原始性，即历史源头。这一类事象属于民俗的历史性，是历史面貌的一种相对稳定的滞留现象。

服装与民俗的历史性还表现在不同历史时期的标志特征上。从服装与民俗相辅相成的关系上可以看出，它们作为一种民俗事象，总是产生在特定历史阶段，成为一定历史时期风俗文化的载体。

（二）服装与民俗的自发性

民俗事象，一般是在民众生活中反复出现的深层次文化事象。然而这个深层是指民俗意识在民众心灵中扎根的深度，并非指官方靠行政命令规定的法制和干预的程度。民俗事象中的服装，更深深带有一种来自于民众的自发性与自为性。这种自发性，是指来自民间的群体的以不自觉形式反映出的自觉行为。它不但没有官方的倡导，甚至连由某一个人号召的举动都没有。所说的不自觉形式，是指服装的起源与款式的改进，往往是一个人偶然在服装局部予以改善或变化。只求自己的适意（求美或适用），却形成服装的新意或新形象，使周围的人们感到耳目一新，起而效仿，逐渐辐射、扩散，而后形成了固置状态。这是一条规律，也是民俗形成的特征。所说的自觉性，是指改进服装的人毕竟是用了某种程度的心思，形成了一种行为，也正因此才使民俗服装有着鲜活的朝气与永恒的青春。至今对传统服装的来源，很难确切考证出是由哪一个人首先发明的。很多服装的起源，在今日仍属于传说或推测。

（三）服装与民俗的地域性

民俗的地域性非常鲜明，因为民俗本来就是土生土长的，所谓“一方水土养一方人”、“千里不同俗，百里不同风”的说法，正点明了民俗限于地域性的必然性。

民俗的地域性和民族性又有关联。一个民族必有共同的地缘。这就是自然界与人为社会的错综复杂之处。在同一地域中呈现的民俗事象完全相同的例证很多，服装当然也如此。由于地理环境关系，地域的生态现象完全不同，决定了服装事象的差异。几内亚与几内亚比绍是非洲西部的两个国家，但在服装风俗上大体一致。这是因为“几内亚”一词，是从柏柏尔语转化而来，意为“黑人的土地”。在黑人的共同地域上生活的两个国家的人民，在服俗上自然具有同一性。在非洲，各国服装有很多共同点。

在地理习惯上，非洲又被分为北非、东非、西非、中非与南非五个地区。各地区的服装又具有地区共同性。以中非国家乍得、喀麦隆、加蓬、刚果、扎伊尔的黑人服装来说，男人宽袍大袖，女人敞领截袖，颇有相同特色。

图 1-81 非洲各国服装有很多共同点

再有一种情况是同一民族的成员分居在不同的地域之内，也势必造成同一族源的地域差异。不要说散居在各处的人大多已受当地民族影响出现同化趋势，就是早期聚居的民族后来分处两地，也会形成各自的民俗服装特色。

（四）服装与民俗的传承性

在学术界正式研究民俗学并有专著问世以前，民俗的传承没有靠书面教材。在民俗学已经成为一门独立学科，而且不断有关于民俗学的研究论著出版以后，民俗的传授仍然没有以此为依托。民俗事象的传承过程，始终还是在祖孙自娱、父子相传、母女口授、邻里影响形式中一代传一代，这就使得民俗事象的神秘性多于科学性、自发性多于被动性。不管历史风云如何变幻，民俗主体连同民俗事象中的服装，依然被代代传承下来，显示出民俗事象的绵延力与生命力。

在经济相对稳定的社会历史条件下，民俗的某些具体事象具有很强的承袭性，很容易被接受，因为它只是反映在一个较为闭塞的环境中的对古老民俗的依赖与延续。民俗的传承性有时在社会经济发生根本的翻天覆地的变化以后，也会以与先前相差无几的形式保存下来，从而构成了与新时代不甚协调却又确实存在的现实。

在中国，人离开这个世界时，讲求“入土为安”，于是死者的子孙总要将逝者衣装设计得尽可能富丽堂皇。战国中期的江陵墓中墓主人身着绣花衣衫鞋帽，仅盖在身上的绣花锦被就有七床。时至封建社会末期，汉族人经过与清代统治者（满族）的反复交涉，才在不成文的“十从十不从”中定为“生从死不从，阳从阴不从”，也就是当死者去世时，汉族人仍旧着明代的典型汉装。历史继续往下演化，当进入20世纪时，谁也想不到人们在将逝去的亲人送去火葬时，反而要穿上清代的袍褂，戴上满族的小帽子。不仅如此，一些寿衣上还绣有中国传统的神话人物——八仙，并讲究铺金（黄褥子）盖银（白被）、头枕莲花枕等。

民俗传承中的因循保守，使得民俗事象中的服装形成一定的惯制。这种貌似不平衡的状态，在文化人类学研究的背景下，其实是极为正常的，也正因为如此才保留下一部分古老传统，既包括良俗也包括陋习。民俗的传承性，使一个个民族具有卓然独立的形象，使人类的文化得以在民众中留下活的史书。

（五）服装与民俗的变异性

民俗传承的形式一般说是稳固的，有很多民俗风习几乎是原封不动地在历史进程中维持其基本形态。但是有一些民俗在传承中产生自然的或人为的变异，特别是民俗服装的传承过程中，其变异性更为明显。

变异性过程体现在三种形式之中，即渗透、融合、出新。

渗透通常是指民俗事象在传承过程中由一定地域向外扩散。以民俗事象中的服装风俗而言，中国的传统宽袍大袖传到魏晋时，就随着中原的祭祀、饮食、交往习俗扩散到东亚地区的部分民族中。在这种扩散中，朝鲜和日本等在引用中国的民俗和技术的同时，又融入了本民族自己的实际风尚。例如朝鲜人将华服发展为上襦在外、长裙在里、胸前加飘带的民族服装。而日本发展为适合扶桑三岛气候的和服。这就是一种民俗传承中必然的变异性，而且从中能够很清晰地看出变异过程中的渗透（扩散）、融合与出现新的轨迹。

经过变异的民俗事象可能面目全非，也可能还较多地保留了原初的韵味，这要看其在传承之中所受外力冲击与挤压的程度。如果传承中基本没有渗透现象，而是在一个与世隔绝的环境中一代一代传承下来，也不一定是原封不动的。一则与世隔绝的地方不可能长时期保持不变状态，二则后代与前辈之间的精神与物质需求不可能总完全停留在一个平台上。一旦有与外界接触的机缘，或是后代由于生产力提高而产生了新的观念的时候，民俗事象在传承后势必出现变异。就本质讲，服俗的变异性是民俗存在的天然现象，因为人类的历史与文明就是在变化中发展的。服装变异的历史进程有四种状态：

（1）服装功能变异

从原初防御天敌（猛兽毒虫、寒热风雨）进而注重仪礼，又转化为审美需求。

（2）服装质料变异

从披兽皮、着草裙，到麻、毛、棉等天然质料为纺织材料，又人造合成纤维；染色亦由矿、植物原料而化学化，闪色、荧光、复合色多重出现，服装工艺效果也大有变化。

（3）着装心理变异

由追求最大限度的保护性，变为追求最美好的着装形象，又变为追求个性化，因而服装也许是不完好的，甚至是丑陋的（如乞丐装、朋克服）。

（4）着装形象变异

由原始服装的披挂型，发展为缠绕型，又进化为分肢型，再变为适体型。而佩饰品由天然品，变为工艺品，又变为天然品加工艺性。

服装的变异，在时间长河中的速度是不同的，越古越缓慢，越近越快速，种种变异都导致了服装民俗风貌的变异。时至今日，出现了服装的“流行”潮，变化更大更快，是服俗变异性最鲜明的表现。流行就是变异。

服装作为民俗事象之一，与民俗事象同有历史性、自发性、地域性、传承性和变异性的特征，但是这些只是作为概括的说法，因为不能将它们硬性划分清楚。任何绝对的归类和分界都容易导致偏颇。这五个特征之间是互为关联的，而且纵横交错。因此，要想研究民俗事象，特别是分析服装的重要作用和重要地位时，更需要一个全新的视角和全新的态度。

课后习题

一、名词解释

1. 高级成衣

2. 时装

3. 风格

4. 流行周期

二、简答题

1. 如何理解“服装”和“服饰”的概念？两者有什么关系？

2. 列举三种服装风貌，并说明其特点。

三、进阶思考题

如何看待服装与流行之间的关系？服装流行的引导力量有哪些？

基础理论——

服装本质与着装动机

课题名称： 服装本质与着装动机

课题内容： 服装的本质

人类的着装动机

上课时数： 4 课时

训练目的： 使学生明确服装所具有的物质与精神双重属性，详细介绍关于人类着装动机的诸学说。

教学要求： 1. 使学生了解物质生活条件对服装的制约作用

2. 使学生了解人类精神生活对服装发展的影响

3. 使学生掌握关于人类服装起源的诸学说

课前准备： 阅读与服装相关的社会学书籍。

第二章　服装本质与着装动机

第一节　服装的本质

人类创造物质财富的生活方式影响着整个社会的发展，而人类的精神生活也从侧面反映了社会生产力的水平；反之，精神生活对物质生活具有推动和促进的作用。服装与佩饰既属于物质产品，又属于精神产品，它的本质就在于它是物质文明和精神文明的结合产物。

一、服装是物质文明的集成

衣服与佩饰离不开物质原料。用比较恰当的定义说，服装是利用一定物质材料，经过构思、设计、制作完成的具有实用性兼装饰性的物质产品。人类在生产过程中以自然物为劳动对象而取得的诸如衣服与佩饰等物质生活资料，无一不是从自然界索取，又经过人类制作完成的。因此，服装的产生、发展直接与社会生产力有关。

服装作为一个实体，其本身是物质的：它需要有面料辅料作材质，需要用针线来缝纫，最后还要穿在人的身体上。但这只是一个狭隘的物质的概念，与服装的发展关系密切的还有它所处的时代的物质发展水平。如果没有养蚕缫丝，就不可能有中国的丝绸服装；没有羊毛的剪理纺织，就不会有欧洲的羊毛袜；加之亚麻、木棉等人类受自然界原有物质启发而进一步人工培育的物质材料源的出现和社会生产力的不断推进，使衣服与佩饰一步步走向高级和华美。

原始社会生产力低下，人类整日奔波劳动也很难解决起码的温饱问题。到了奴隶制社会，这个问题稍有缓解，但依然在一个较为低下的水平："昔者，先王未有宫室，冬则居营窟。未有火化，食草木之实，鸟兽之肉，饮其血茹其毛。未有麻丝，衣其羽皮……后圣有作，制其麻丝，以为布帛。"（《礼记·礼运篇》）从中我们可以看出，原始社会和奴隶社会时期，人类以野兽之皮为衣，是和其时的生产力水平，也就是当时的物质条件息息相关的。

我们再看另外一个例子。宋朝农业和手工业发展迅猛，尤其是丝织业达到了一个空前的高度，丝织品的产量、质量与花色品种都有较大幅度的增长与提高。仅锦一类就有四十多个品种，纹样中有缠枝葡萄、如意牡丹、百花孔雀、遍地杂花、霞云鸾、穿花凤、宝相花、天马、樱桃、金鱼、荷花、团花以及梅、兰、竹、菊等繁多样式。与此相应，服装无论从质地、外观等都比前朝有了一个较大的进步。这显然与宋代重文抑武和蓬勃发展的城镇经济有关。

图 2-1　明代唐寅绘《孟蜀宫妓图》(局部)

19 世纪末到 20 世纪初，欧洲资本主义从自由竞争阶段走向垄断阶段，随着科技的进步，各国的经济都得到了飞速的发展。这些都为女装款式从“古典”到“现代”的质的飞跃创造了条件。

二、服装是精神文明的体现

法国哲学家阿·法朗士曾经说过：“假如我死后百年，要想了解未来，还能在书林中挑选，你猜我将选什么？——我会直接挑选一本好的时装杂志，看看我身后一个世纪妇女的着装，她们的想象力所告诉我的有关未来人类的知识将比所有的哲学家、小说家、传教士或者科学家还多。”这段被人们所熟知的名言，形象地表达出服装的精神层面。服装好比一面镜子，是它所处时代的精神文明，包括思想、信念、审美、艺术思潮的集中反映。

中国魏晋时期有非常著名的一批以“竹林七贤”为代表的文人，他们为了显示不流俗于循规蹈矩的叛逆理念，穿着敞衣，袒胸露怀，披发跣足，甚至“幕天席地”——以天为幕，以地为席。尽管他们不为社会道德标准所容，但他们还颇为风流自赏，认为这才有飘逸的风度，虽衣衫不整，却美如玉人。这种被我们后世称为“魏晋风度”的行为，就是他们所追求的“任情放达、风神萧朗”的精神在穿着上的体现。

图2-2　砖印壁画《竹林七贤与荣启期》（局部）

在中国历史上，唐代服装的开放大胆程度可以说是空前的，除了物质条件方面的原因，还有一个非常重要的因素就在于开放的社会形态。当年，对于世界各国丰富的文化，它是以一个博大的胸怀去接纳的。有人说，因为唐代皇族统治者有异族的血统，因而使得他们能够对异族文化持有一个包容的态度，于是才有胡床、胡舞、胡乐的盛行，才有异族的服装被汉族穿用的可能。其实，这只是一个方面，更重要的是唐朝人有着广阔的胸襟，他们强大兴盛，因而有足够的勇气去包容并吸纳他国文化，而不怕被他国所浸染和渗透。唐朝人有着与欧洲文艺复兴时期一样的人文意识，这才使得唐代女服成为中国服装史上难以逾越的一个高峰。

19世纪下半叶起源于英国的“工艺美术”运动（the Arts & Crafts Movement）席卷了欧洲。它强调手工艺，反对机械化的生产。它的代表人物是英国设计家、诗人威廉·莫里斯（William Morris）。莫里斯曾经说过这样一句话“不要在你家里放一件虽然你认为实用，但是难看的东西”，这体现了一种把功能性和艺术性结合起来的设计思想。而这个时期也恰恰是服装史中崇尚美丽与优雅的“完善化期风格”。

图2-3　唐代周昉绘《簪花仕女图》(局部)

包豪斯（Bauhaus）是一所设计学校，1919年成立于德国的魏玛，在它存在的短短14年间，其设计理念在世界范围内产生了重大的影响，并延续到了今天。它强调设计应该为大多数人服务，并特别提出了“实用性”的原则。这与20世纪二三十年代女装逐步对功能性开始重视的设计理念是不谋而合的。

图2-4　威廉·莫里斯的设计作品

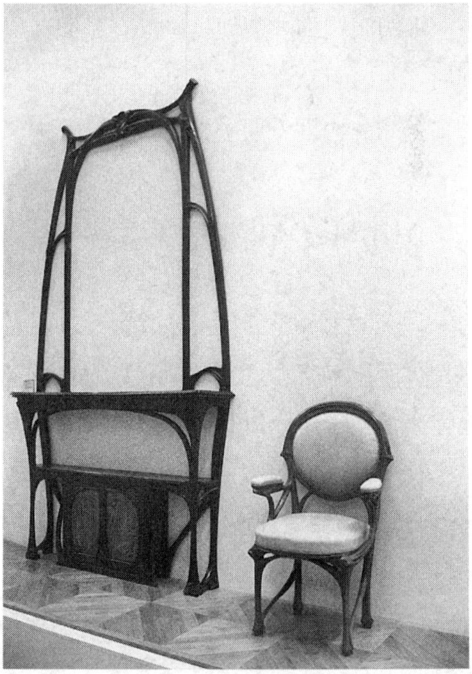

图2-5　新艺术运动时期作品（1）

图 2-6 新艺术运动时期作品（2）

第二节 人类的着装动机

人类最初的着装动机，一直是服装文化和服装史研究中一个重要的研究课题，同时，它有着众说纷纭、见仁见智的答案。在这里我们把对人类最初的着装动机的由来划分为以下四个大类。

一、对生命的保护

许多专家和学者持有人类服装的起源是源于“对生命的保护”这种论断的。这种关于服装起源的学说认为，人类早期之所以穿衣是因为要对生命进行保护，具体来讲基于两个原因，一是因为对气候环境的适应，二是因为对人本体的保护。

（一）外部环境适应说

根据所处经纬度的不同，我们把地球分为热带、温带和寒带。温带的气候环境冷暖适宜，较为适合人类居住，因此人对衣物的依赖性相对较小。很多处于热带的沙漠地区，温度很高，相对湿度却很低，平均日照温度常常保持在 40～50℃。

高温使得人体的汗液蒸发很快，因此人的皮肤常常处在一个缺水的状态。在此居住的人们的服装往往是将周身每一个部分遮盖起来，以避免太阳的暴晒和高温的侵袭，同时也可以阻碍汗液过快挥发。而寒带地区的人需要足够保暖的衣服来抵御外部严寒的侵袭。无论地处哪一种气候环境中，人们都会选择创造合适的衣服，因此服装的起源是对外部环境适应的结果。

（二）人体保护说

与其他动物一样，人类的祖先最初也是四足爬行的，在几百万年以前，人类开始了直立行走，这为人类与其他动物相区别迈开了关键性的一步，但也带来一个问题：四足着地的动物使全身最脆弱的生殖器官被躯干包着藏在身体的下部，避免了暴露就不容易被外界的草木划碰、蚊虫叮咬，减少了受损伤的机会。直立起来的人为了避免各种伤害开始试着用兽皮将生殖器官遮挡起来，进而发明了腰衣、裙子、阴茎套和兜裆布，最后又将遮盖的部位推及到躯干和四肢，于是，服装越来越完善了。

二、对性别的弱化与强化

这一类对服装起源的推断都与两性的关系有关，但恰恰相反：一种是认为服装的起源与对性别的弱化有关，另一种则认为与对性别的强化有关。

（一）对性别的弱化

圣经《旧约全书》的创世篇说上帝先创造了男人亚当，然后用他的一根肋骨创造了女人夏娃。亚当和夏娃原本并不知道男女之别，无忧无虑地生活在伊甸园中，但由于蛇的引诱，偷吃了苹果树上的禁果，于是有了羞耻感，这才知道用无花果树的枝条、叶子来遮住下身。上帝知道后勃然大怒，将他们赶出伊甸乐园，于是他们生儿育女，开始劳动，从而繁衍了人类。

（二）对性别的强化

持服装的起源源自对性别的强化说的学者认为，人类之所以要穿上衣服，其目的是男女双方为了互相吸引，所以将性器官的一部分用东西遮住，或是将一支小花、一簇绿叶装点在身上，从而将异性的注意力更强地吸引到自身上来，于是产生了衣服。

三、对人体的修饰

持这种说法的专家和学者认为，服装的产生是和人们内心对美的渴望与追求、对信仰的崇拜以及对一些相关理念的认定有关。具体可分为审美说、象征说和护符说。

（一）审美说

审美说认为，人类穿衣的最初动机是因为对美的追求。人们为了赏心悦目而将一些植物、兽皮等装饰在身体的某些部位，就像文身、凿齿、涂面一样，穿衣使人类向着他们所认为的美丽迈进了一步。这也解释了为什么在有些热带地区，居住在那里的人们不需要避寒却依然穿着衣服。

（二）象征说

象征说认为，衣服是由最先佩戴在人身体上的物体所演变来的。这些物体是原始社会中具有一定权利的人（如酋长、族长）或强壮勇猛的人为了显示自己的地位或力量，用一些比较稀有的、易于识别的东西，如美丽的羽毛、野兽的牙齿、珍贵的贝壳来作为某种象征物挂在身上。久而久之，这些装饰物就演变成了衣服。

（三）护符说

原始人类相信万物有灵，他们有着自己的信仰和图腾崇拜。他们认为冥冥中有一种超自然的力量主宰所有的生物，为了让这股力量保护自己，于是就将一些如石头、贝壳、羽毛、兽齿之类的东西戴在身上，以祈求神灵的护佑。这些用于保佑和驱邪的东西是一种护符，逐渐发展成为人们的衣服。

四、本能说及其他

华梅在 1995 年出版的《人类服饰文化学》中提出，人类的着装动机是出于一种本能，并以丰富的例证解释了这一观点。除了以上所列举的学说以外，还有许多观点，如劳动说、武装说、巫术说、礼仪说、标志说、贞操观念说、雌雄淘汰说等。这些学说与上述一些学说有相近的地方，但为了让大家对人类着装动机的各种学说有一个整体的认识，也把它们一一列举如下。

（一）本能说

本能说认为具体的服装成因绝对不会是一个，但一定会有一个主旨，那就是为了生存与繁衍。这是人或说人类的本能，这种本能延伸的结果，就出现了服装。这种“本能说”的主要论据基于生命是根本，无论从物质还是精神角度看，人类的服装起源动机都起源于生之保护。

原始人与低级动物有着更多的相似之处，中美洲印第安男人将美丽无比的天堂鸟羽毛插在头上；大洋洲西部群岛上斐济人在舞蹈中极力摆动着鲜艳的树皮布和羽毛制成的衣裙及饰带；巴布亚新几内亚的男子用油脂将皮肤涂得锃亮，头插羽毛，腰围草叶等起舞，这些都无异于雄孔雀在异性面前炫耀自己。美国服装心理学家赫洛克说：“许多原始人公开声明，他们穿衣打扮就是为了得到妇女的爱慕，只有到了青春期，他们才滋长了修饰自己的欲望。”当一些殖民政府下令禁止土著人文身时，小伙子们竟大为恼火，他们气愤地说：“那样姑娘就不爱我们了。”不仅男性这样，菲律宾的艾塔女性将多条项链和穗状流苏装饰在胸部，多哥、塞内加尔、安达曼群岛上的明科皮人以及澳大利亚的库克人，其女性都扎有一条漂亮的臀带，臀带上有无数球带缠绕，再垂下一些小巧的饰品。这种心理恰恰是有利于部族繁衍的。

《婚床》作者曾以大量现存原始部落的着装观去说明异性吸引是人的本能，同时成为服装的功能之一。他说：“在一个人人不事穿戴的国度里，裸体必定清白而又自然。不过，当某个人，无论是男是女，开始身挂一条鲜艳的垂穗，几根绚丽羽毛，一串闪耀的珠玑，一束青青的树叶，一片洁白的棉布或一只耀眼的贝壳，就不得不引起旁人的注意，而这微不足道的遮掩竟是最富威力的性刺激物。”这样的例子不胜枚举，加上巫师——原始部落中的聪慧者们推波助澜，他们为了证明自己是神的使者，具有超人的力量，今天装个怪相、明天出个新样儿地无意识地“领导服装新潮流”，服装也就渐渐地丰富起来了。为了保护身体，人们发明了裙子进而发展为坎肩；为了便于劳作，人们在腰间束条草绳以别石斧，这一切都为“本能说”提供了有力的证据。

（二）劳动说

劳动说认为人穿衣是劳动的结果，服装使得人在劳动中更加方便。随着生产力的发展，劳动工具在人类的生活中占有重要的地位，对劳动工具和劳动对象的背、提、扛、推等动作使得人们的皮肤容易受到损害，而服装就在人体和工具、人体和劳动对象之间产生必要的阻隔，从而使之对人体的伤害减小到最低程度。

（三）武装说

武装说认为人类早期生活在条件恶劣的大自然中，经常要与野兽搏斗，为了保护身体不受外物的伤害而使用衣服。这些原始的衣服，是使用自然物如树叶、树皮、兽皮等披挂于身体某些部位而成。

根据现在的人类学家及考古学家的研究结果推测，地球上有人类的年代，约在二百万年之前。当初的人类体表覆有体毛，具有自然防护的机能，可适应环境的生态变化。人类经过长年累月的进化过程，由于不明原因，体毛逐渐退化脱落，露出表皮。这使得人类不得不利用服装来抵御伤害，服装武装了人类，衣服诞生了。

（四）巫术说

在原始社会，人类受到认识水平的限制，对生老病死、天灾人祸以及各种野兽的侵袭不能产生合理的解释，于是认为这是上天的安排。为了避免生命财产受到损害，巫术开始盛行，以此在身体上佩戴如野兽的骨头或牙齿等东西，甚至将皮肤上割伤或破坏身体的某一部位，希望借助一种超自然的力量来辟邪祁福以远离各种不幸。

（五）礼仪说

礼仪说认为衣服的起源来自人类礼仪的需要，南太平洋有一个叫做泰极族的民族，其结婚风俗为新郎要向新娘投掷衣服，这个从远古时期保存下来的风俗意味着服装的产生与仪式之间有着一定的关系。但持不同观点的人认为人类的婚礼、丧礼等仪式是产生于文化较进步的时候，因此礼仪说不能解释人类最初的穿衣动机。

（六）标志说

标志说认为服装像一种标志，使人能够一望而知其背后的意义。在原始民族或未开化民族中，勇猛的人常常将装饰物装饰在身体上，或在皮肤上施以色彩、刀痕来象征个人的身份、地位与力量，此外服装作为一种标志还可以作为与其他民族相区别的手段。

（七）贞操观念说

此学说认为人类最初穿衣与贞操观念有关。观察未开化的西龙岛别打族人结婚时，人们发现男女在结为夫妇时有双方彼此互赠腰带结身的习俗，并发誓不让别人染指，这种结身意味着对贞操的一种承诺，具有保护贞操的重要意义。

（八）雌雄淘汰说

雌雄淘汰说认为动物有雌雄之分，以其鸣声或身上美丽的羽毛来引诱可能的配偶；而人类有男女之别，虽没有天生的美丽外观，但可以通过后天人为的装饰来引诱异性，从而使求偶成功。

课后习题

一、名词解释

1. 外部环境适应说

2. 审美说

3. 本能说

二、简答题

1. 为什么说服装是物质文明的集成？举例说明。

2. 人类的着装动机有哪些？如何分类？

三、进阶思考题

如何看待服装所兼具的物质与精神双重属性？

基础理论——

服装理念与服装设计创意

课题名称： 服装理念与服装设计创意

课题内容： 服装理念

服装设计创意

上课时数： 5课时

训练目的： 使学生了解服装现象与理念不是今天才产生的，它们具有历史的源流；使学生对古代与现代具有代表性的服装设计创意有初步的了解，为以后从事设计打下基础。

教学要求： 1. 使学生了解历史上中国服装现象与理念

2. 使学生了解历史上西方服装现象与理念

3. 使学生了解当代服装现象与理念

4. 使学生了解古代服装设计创意

5. 使学生了解现代服装设计创意

课前准备： 阅读与服装现象与服装理念相关的历史书籍。

第三章　服装理念与服装设计创意

第一节　服装理念

一、历史上的中国服装现象与理念

（一）中国古代服装现象

1. “齐王好衣紫，齐人皆好也”

《韩非子·外储说左上》有一个“齐桓公好服紫，一国尽服紫”的事例，这是中国古代服饰流行从皇族向下逸散的服装现象。“齐王好衣紫，齐人皆好也。齐国五素不得一紫，齐王患紫贵。傅说王曰：‘《诗》云：不躬不亲，庶民不信。今王欲民无紫衣者，王以自解紫衣而朝，群臣有紫衣进者，曰：益远，寡人恶臭。’是日也，郎中莫衣紫；是月也，国中莫衣紫；是岁也，境内莫衣紫。”

这个故事讲的是齐王喜欢穿紫色的衣服，于是齐国人都喜欢紫色的衣服，形成一股风潮。一时间，上行下效，洛阳纸贵。齐王觉得紫色的布料太贵了，想要遏制住这股风潮。有人献策说：“想要让老百姓不穿紫色的衣服，那您就得在朝廷上不穿紫色的衣服，并且如果有臣下穿紫色的衣服来觐见您，您就告诉他说您讨厌这种衣服颜色。”于是就在这一天，臣子们没有穿紫色的了；就在这个月，都城周围没有穿紫色的了；就在这一年，齐国境内没有穿紫色的了。

从某种层面上讲，这是平民百姓希望与阶层比他们高的皇族、贵族趋同的心理。从宫廷到民间、从都城到四方流行的现象，是古代服装流行的主要形式之一。

2. “魏晋风度”与褒衣博带

魏晋时期是中国服装史上一个非常重要的时期，在这个时代，“玄学”和“黄老”思想占统治地位，人们追求一种简约玄澹、超然绝俗的美学思想。在释道思想的影响下，士人们开始产生出世的思想，即崇尚老庄，向往庄子那样的“逍遥乎山川之阿，放旷乎人间之世”。以一些日常行为，包括着装行为去有意违抗汉以来一统天下的儒家礼仪规范，在服装上极力制造出一种超凡脱俗的味道，以显示自己的与众不同。

图 3-1　元代《梦蝶图》中袒胸露怀的庄周形象

以“竹林七贤”（阮籍、嵇康、山涛、刘伶、阮咸、向秀和王戎）为代表的文人士大夫“任情放达，风神萧朗，不拘于礼法，不泥于形迹”，他们放旷不羁，常于竹林下酣歌纵酒。他们的服装以长衫为主，有着宽大的袖口，还常常袒胸露怀。受到佛教“秀骨清像”风格的影响，魏晋时期的服装趋于宽博，即使不行走，一阵风吹来，也宛如神仙下凡。这种超脱是反传统的，直接违反儒家的着装规范，在中国古代形成一种独特的褒衣博带的服装现象。

3. 唐代的女着男装

女着男装，即全身仿效男子装束。按照中国传统礼教，男女不通衣裳，可是在唐朝，女着男装竟成为一种服装现象。女着男装深得当年妇女喜爱，《新唐书·五行志》载：“高宗尝内宴，太平公主紫衫玉带，皂罗折上巾，具纷砺七事，歌舞于帝前，帝与后笑曰，‘女子不可为武官，何为此装束’。”《旧唐书·舆服志》载：“或有著丈夫衣服、靴、衫，而尊卑内外斯一贯矣。”已明确记录下女着男装的大致情景，这一风气尤盛于开元天宝年间。《中华古今注》记载：“至天宝年中，士人之妻，著丈夫靴衫鞭帽，内外一体也。”关于女着男装的形象资料可见于唐代仕女画家张萱的《虢国夫人游春图》与《挥扇仕女图》等古代画迹。女子着男装，于秀美俏丽之中，又别有一种潇洒英俊的风度。这种着装趋势可以充分说明，唐代对妇女的束缚明显小于其他封建王朝。

图 3-2　唐朝女着男装——《虢国夫人游春图》(局部)

4. 唐女的"满面纵横花靥"

唐代妇女好面妆，奇特华美，变幻无穷，唐以前和唐以后均未出现如此盛况。如面部施粉，唇涂胭脂，但最有特色的就是面靥了。

面靥原本是指面颊上的酒窝，我们常常说"笑靥如花"，指的就是女子笑的时候，嘴角上的酒窝如同花朵一样动人。但酒窝不是每个人都有的，于是，人们就想出用饰物涂或贴在酒窝处的装饰方法，被称为"妆靥"。

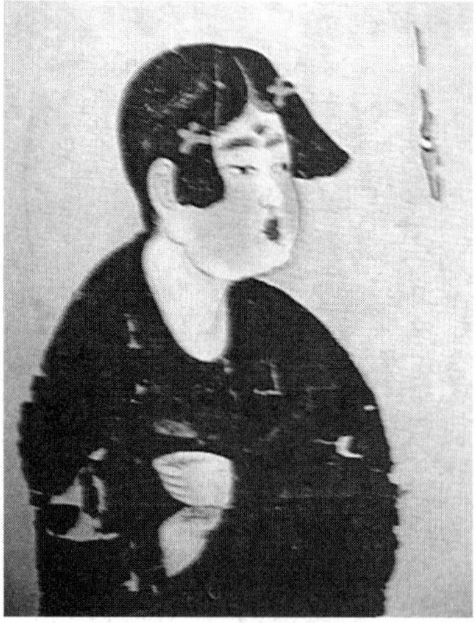

图 3-3　唐代《双人仕女图》(局部)

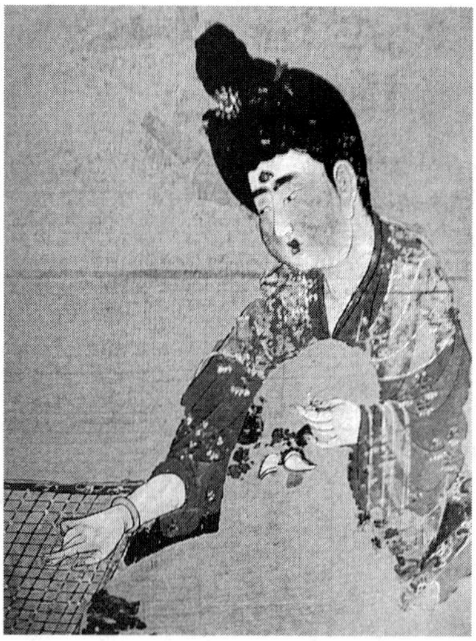

图 3-4　唐代《弈棋图》(局部)

面靥最早的称谓为“勺”，即“旳”或“灼”。汉刘熙《释名·释首饰》中“以丹注面曰的”指的就是这种装饰手段，至明代谢肇淛《五杂俎》中已作“的”。丹为朱红色的染料，以丹注面就是把朱红颜色点在脸上。晋朝傅玄《镜赋》中说：“点双的以发姿。”也就是在脸的左右两侧点两个面靥，能够增加女性的姿色。除了用朱红色点染，面靥也可以用金箔、翠羽等黏贴在脸上。

在盛唐以前，一般均为黄豆般的两个圆点，如元稹《恨妆成》诗“当面施圆靥”，就指的这种式样。到唐中后期，面靥的涂施范围有所扩大，而且式样也更加丰富多彩：有的形如钱币，称为“钱点”；有的状似杏桃，名曰“杏靥”；比较华丽的是在原来面靥的周围，饰以各种花卉，俗谓“花靥”。晚唐五代时，妇女的服装形制比起盛唐来变得较为拘谨与保守，但面饰之风却有增无减，面靥的式样繁多，除了传统的圆点、花卉等形状外，还增加了鸟兽的图样，有的整个脸上都布满了这些装饰。五代后蜀欧阳炯《女冠子》词：“薄妆桃脸，满面纵横花靥。”说得就是这种独特的装饰现象。

（二）中国古代服装理念

1. 儒家的“文质彬彬，然后君子”

“质”与“文”的说法在中国哲学中常见，虽说二字的释义相当宽泛，但孔子所言的“质”与“文”多年来已在学术界得到统一认识。

孔子在《论语·卫灵公》中这样阐述“质”的概念——“君子义以为质，礼以行之，逊以出之，信以成之”。在《论语·颜渊》中又说：“夫达也者，质直而好义。”由此可见，孔子所说的“质”，是指人内在所具有的道德品质。

“文”的概念，在《论语》中不同处有不同用法，其中《论语·泰伯》记述：“子曰：‘大哉尧之为君也！巍巍乎！唯天为大，唯尧则之，荡荡乎！民无能名焉。巍巍乎其有成功也，焕乎其有文章！’”

孔子注重礼法，也重视服装之美，其中尤为重视礼仪服装的规范化，即重视服装本身的显示性和社会功能。这是因为“礼”起源于祭祀，而祭祀又直接关乎社稷，孔子始终致力于“复礼”，是要恢复西周奴隶社会的政治典章制度和道德规范，这自然少不了礼服。孔子极力提倡服装必合于礼的规范，但同时他认定服装在讲求形式美的同时，又要使其形式与内在达到一种和谐。这种理论集中体现在《论语·雍也》中：“子曰：‘质胜文则野，文胜质则史。文质彬彬，然后君子。’”在这里，“质”是指人的内在道德品质，“文”是指人的文饰。“彬彬”，相配貌，文中指“文”与“质”相和谐、匹配。只有“文”和“质”统一起来，才能成为一个君子。如果没有合乎礼仪的外在形式（包括服装），那么就是鄙劣、粗俗的凡夫野人。反之如果只有美好的合乎“礼”的外在形式，能掌握一种符合进退俯仰的、给人以庄严肃穆的美感的动作姿势（包括着装礼仪），而缺乏“仁”的品质，那么包括任何服装在内的外在的虚饰，都只能使人感到像是浮夸的史官。我们从中可以看出，孔子主张的是“文”与“质”的统一和谐，反对“文胜质”和“质胜文”两种偏向。

《论语》中提到一个与孔子同时代的人，叫棘子城，《论语·颜渊》中记载：“棘子城曰：‘君子质而已矣，何以文为？’子贡曰：‘惜乎！夫子之说君子也，驷不及舌。文犹质也，质犹文也；虎豹之鞟犹犬羊之鞟也。’”棘子城认为，君子只要具备品质修养就可以了，何必要注重外在形式呢？孔子弟子子贡反驳了他，认为如果说“质”可以代替“文”的话，那么具有美丽且多彩毛色的虎豹，在去掉毛色之后就再也看不出它们的区别了，甚至与去掉毛色的犬羊也难以分辨了。这种形式逻辑的推理方法显然是错误的。因为皮毛是天然生成的，无法选择“外壳”，与人穿衣服带有主观能动性不一样。但这里以毛皮为例，恰恰与服装有了联系。就有关事物外在的形式美有其不可否认的价值一点，说明孔子（进而引申为儒家）认为服装形象相当重要。

2. 墨家的“衣必常暖，然后求丽”

墨家学派创始人墨翟出身手工业阶层，是春秋战国之际代表被统治的一般小生产者利益的思想家。

墨子对于服装，看法完全不同于儒家。无论是专讲服装，还是在论述时以服装为例，都表现出他最典型的“节用”和“非乐”思想。这种明显带有阶级利益局限性的观点，在后世统治思想中几乎不占据地位；底层百姓也因为向往美好，只有在无奈的情况下，才会从墨子思想中寻求一种精神上的慰藉。总体来看，墨子有关服装的主张，没有对中国后世的服装理念产生太大的影响。但他毕竟是中国哲学思想论争最为活跃时期的一个具有代表性的思想家，同时也确实反映了一部分人的服装理念，提出了“衣必常暖，然后求丽”的主张。

墨子主张“节用”。《墨子·佚文》中说：“故食必常饱，然后求美；衣必常暖，然后求丽；居必常安，然后求乐。为可长，行可久，先质而后文，此圣人之务。”墨子“先质而后文”之说，显然是同孔子“质胜文则野，文胜质则史”的观点对立的。墨子认为，食能饱腹，衣能暖身，房子能挡雷雨避寒暑，舟车能载人，即这些物品具有实用功能，具有实际效用，能满足人们的生活需求就可以了。墨子进一步阐述这样的主张的理由是，如若在衣服上投入大量的人力和物力，使其超出了实用的意义，势必造成浪费，而且上下都去追求服装美，极易造成社会混乱。他在同一篇中还提到：“冬则轻暖，夏则轻清，皆已具矣；必厚作敛于百姓，暴夺民衣食之财，以为锦绣文采靡曼衣也，铸金以为钩，珠玉以为佩；女工作文采，男工作刻镂，以为身服。此非云益暖之情也，单财劳力，毕归之于无用。以此观之，其为衣服非为身体，皆为观好。……君实欲天下之治而恶其乱，当为衣服不可不节。”

墨子斥责浪费是有积极意义的，但因此而把“文”与“质”相对立，使之完全绝对化，完全否定服装工艺，特别是完全否定了人们对服装美的追求，就有很大的片面性并显得狭隘了。

3. 道家的“是以圣人，被（披）褐怀玉”

先秦道家学派的创始人是老子，老子思想的根本，是主张绝对趋向自然，希望无为而治。他认为当时社会上种种混乱，都是由于文明的发展才引起的。在论述有关服装的言语中，老子有一句直接奠定道家穿着风格的话，那就是在《老子》第七十章中的“是以圣人，被褐怀玉”。这后四个字影响深远，不仅为数千年来道家学派所崇奉，而且还被许多无意注重着装或无钱供养服装的失意文人奉为宗旨。这四个字中的第一个字“被”通“披”，即道家的服装形象不像儒家那样讲求“文质彬彬”，只要“质”即可，不必要“文”。该章中前一句话说：“知我者希，则我贵矣，是以圣人被褐怀玉。”意为：“我是在说天道，可是世间能够明白我说的天道的人太少了。掌握天道的人以天道去救人群，并以此为己任，他自己不因为这样做而骄傲自豪。所以说，表面看上去圣人非常谦和朴实，好像是穿着最低贱的麻毛类粗纤维褐衣的人，但他却有着高尚博大的胸怀，可以说心中似玉一般清明而可贵。”

在《老子》第五十三章中有斥责乱世“服文采，带利剑”的说法，意思是说，如果是太平世界，那么人人安居乐业，不用穿戴有文彩的衣服去向别人炫耀，也不用防备坏人来保护自己。财产十分富足，人们却是布衣粗食，没有浮靡的气象表露在外。老子认为人们应该以能够吃得上的饭食为好吃，以能够穿得着的衣服为好看，简单为好，不要加以修饰。并进一步提出“五色令人目盲，五音令人耳聋”等一系列理论，以此告诫人们一切人为的艺术都是有害于人本身的。

从时代背景上来看，老子对服装的看法有着它积极的意义，但如果一切都按照他的思想去进行的话，那么服装将永远停留在低级阶段，更谈不上什么文化与文明的发展了。

4. 法家的“好质而恶饰”

在先秦哲学诸学说中，法家主张一种极端功利主义和绝对专制主义，因而强调统治的不可动摇性。对服装的专门论述，未在法家思想中占据太大比重。但在提出专制统治时，时常以服装为例，这在《韩非子》一书中充分体现出来。

如在《韩非子·五蠹》中写道：“今为众人法，而以上智之所难知，则民无从识之矣。故糟糠不饱者不务粱肉，短褐不完者不待文绣。”从表面上看，好像与墨子的“衣必常暖，然后求丽”和老子的“美其服”相一致，其实不然。墨子强调

“节用”，所以试图说服大家，先考虑衣服的保暖问题，即首先满足实用功能，其根本是节约人力物力，劝说人们不要靡费。老子“以其服为美”的观点较为消极，要着装者安贫乐道，维持其最低服装水准。而韩非子则是强硬地指出“短褐不完者不待文绣”，并紧接着说“夫治世之事，急者不得，则缓者非所务也”。这就非常明确了，韩非认为先要夺取政权，掌握政权，这是统治者所急需的，即以文中所引用的最简陋却又是不得或缺的短褐为喻，至于衣上有文绣，那是以后的事了。

从服装艺术的角度加以分析，韩非并不重视服装的修饰功能，而是将任何一种服装的流行等问题，都用来强调统治者的统治需求。

5. 服装理念的小多元

中国人的服装观，紧密地随着中国文化的发展而并存并行。由于儒、墨、道、法等诸家哲学思想在中国文化中各具特色且影响深远，所以在有关服装的论述中，也有着各种不同的观点与表述，如战国时期屈原的“内美”与“修能”、汉代董仲舒的“天人合一”、班固的“衣裳自障闭也”、魏晋士人的“裸袒蹲夷”、宋代理学的“不可异众”等，有的是哲学思想，有的是着装行为，有的是服装风格，但无论以何种形式出现，都对中国人的服装理念产生了重要的影响。

（1）屈原的“内美”与“修能”

屈原的文学作品，是中国文化的宝贵财富，修辞上极美极讲究，又包含着深刻的哲理和明确的人生观。在传世的屈原作品中所体现出来的服装理念，是非常有特色的。他提出的以香草为饰无论是直指服装还是寓意人的品德修养，都在一定程度上影响了后世的中国文人。

《离骚》中多处提及青草，或是直接提到以香草为佩饰，如“纷吾既有此内美兮，又重之以修能。扈江离与辟芷兮，纫秋兰以为佩”。“内美”指人的先天素质极佳或品德高尚。“修能”则一说与“内美”相对应的外部的美的修饰和容态。

《九歌》中描绘美好服装形象的句子更多，内容也更丰富，如《九歌·东皇太一》中“抚长剑兮玉珥，璆锵鸣兮琳琅”。珥，即古耳环，在这里指剑护手两旁的环，璆和锵分别形容玉器和金属在碰撞时发出的声响。“灵偃蹇兮姣服，芳菲菲兮满堂。”姣服指漂亮的衣服，菲菲则形容香气很盛。《九歌·云中君》里“浴兰汤兮沐芳，华采衣兮若英”。浴在古代为洗澡，沐在古代为洗头，此处的“浴兰汤”和“沐芳”是说以兰草煮水洗浴，以香芷水洗头，华采衣是五彩的美丽的衣服。

屈原在《九章·涉江》中索性写道：“余幼好此奇服兮，年既老而不衰。带长铗之陆离兮，冠切云之崔嵬。被明月兮佩宝璐，世混浊而莫余知兮，吾方高驰而不顾。”奇服，在《楚辞集注》中被释为“奇伟之服，以喻高洁之行”。“长铗”，是剑把或曰刀身剑锋，“切云”是当年的一种高冠。“明月”指珍珠，“璐”指美玉。在这句中屈原说，他自幼就喜欢新奇漂亮的衣服，到年长时依然不懈追求，腰带上挂着闪烁异彩（琉璃）的剑鞘，上有考究的剑首。头戴高高的切云冠，显得巍峨高耸，器宇轩昂。肩背上披着好似明月的夜光珠饰，身上还装饰着美丽的玉佩，整体的服装形象非常考究华美。

屈原强调既要有“内美”，而且还要有后天的“修能”，即包括修饰，这实际上近似儒家的“文质彬彬，然后君子”的说法。屈原在《九章·怀沙》中写道：“文质疏内兮，众不知余之异彩。”在《九章·橘颂》中写道：“青黄杂糅，文章烂兮。精色内白，类任道兮。”他歌颂其外表颜色丰富，文采灿烂，而内部又纯净洁白，就像任重道远的志士仁人。

屈原的服装理念，可以说是悬浮在道德修养之上的，由于屈原对以香花芳草为饰的描述直接张扬了人的爱美的天性，同时神秘、典雅，又浪漫并富有生机，因此给予后人以许多遐想的余地。后世很多文人在修饰中讲求服装华丽高雅，即与屈原文学作品中隐喻的服装理念有着必然的联系。

（2）《淮南子》的“美人者非必西施之种”

《淮南子》又称《淮南鸿烈》，是西汉淮南王刘安主持其门客集体编写的一部著作。其中强调了服装对人的修饰作用，特别是提出着装要因时因地因人并因场合不同而有所区别，对后世着装起到了积极的作用。

《淮南子·修务训》中提出人是需要有天然之美的，但如果仅有质的美却忽视了外表的修饰，特别是穿丑陋的服装，仍然会影响其总体效果。假如是在原有的质美的有利基础上，再利用服装的修饰功能，那么就会取得更为美好的结果。其中提到西施本是“曼颊皓齿，形夸骨佳，不待脂粉芳泽而性可悦者”，即质美。作者认为同为美人，如若服装美，会锦上添花，如若服装不美，则会令其黯然失色。这里强调了服装的修饰作用。

（3）董仲舒的“天人合一”

西汉时期的董仲舒是中国著名的大思想家，他总结和发展的儒家学说对后代产生了重要的影响。贯穿在董仲舒全部思想中的“天人合一”说，与中国服装有着密切的关系。他提出的“天人合一”既是对中国远古自然崇拜的继承与提高，同时又在中国融入自然的服装理念中起到了理论性的指导作用。

与董仲舒“天人一也”和“天人感应”有关的，是服装中有应季节而专设的“四时服”与“五时衣”。严格地说，这种衣服出现的时代要早于董仲舒生活的年代，最初属于周代祭祀用服的规定。但后来被官方所重视的“四时服”或“五时衣”与董仲舒的“天人感应”有着密切的关系，董仲舒曾在《循天之道》中说：“四时不同气，气各有所宜，宜之所在，其物代美。……故荠以冬美，而荼以夏成，故可以见冬夏之所宜服矣。……春秋杂物其和，而冬夏代服其宜，则当得天地之美，四时和矣。凡择味之大体，各因其时之所美，而违天不远矣。”纵观中国文化史，四时服等还不是唯一体现“天人合一”与“天人感应”说的，这种四时之说在诗论、画论中也屡见不鲜。

董仲舒的“天人合一”说，在带有神秘色彩的思想中，把儒家思想系统化、完整化地组织起来，对中国人的服装观起到了一定的制约作用。

(4) 班固的“隐形自障闭也”

班固，东汉史学家、文学家。他曾记录汉章帝刘炟建初四年在白虎观辩论经学的结果，著有《白虎通义》一书。

在《白虎通义》中，班固提到衣裳的作用时说：“衣者，隐也，裳者，障也，所以隐形自障闭也。”隐，指隐蔽、隐藏，还有隐讳的意思。障，指阻塞、遮隔。班固此说，极为鲜明地道出了中国传统服装理念中所含有的伦理思想倾向。也就是说，着装的主要目的之一就是将身体严密地包裹起来，形骸外露是万万不可的。

中国传统服装理念统一在中国的大文化背景下，当然具有自己的文化特色，但其中与西方服装理念区别最明显的一点，是“隐形自障闭”的着装立意。如被体深邃的深衣，要将前面的掩襟接成大三角形，以便在腰间向后沿身体绕上一圈或多圈，尽量不露出内衣。《礼记·曲礼》和《礼记·内则》都强调“暑毋褰裳”、“不涉不撅”，即天气酷暑难耐，也不得掀开衣服，不涉水时，绝不能提起衣裳。

(5) 中国人的“衣锦还乡”观

《汉书·项籍传》写道：“富贵不归故里，如衣锦夜行。”《史记·项籍传》作“衣绣夜行”。《三国志·魏志·张既传》有：“出为雍州刺史，太祖（曹操）谓既曰：‘还君本州，可谓衣绣昼行矣。’”《旧唐书·姜謩传》写道：“拜謩秦州刺史，高祖谓曰：‘衣锦还乡，古人所尚，今以本州相授，用答元功。’”综上所述，可以看出穿着锦绣衣裳走夜路，被中国人认为是失去了炫耀的机会，因此等于无价值可言。进而认为穿着锦绣衣服应该白天走在路上，最好是走在故乡的路上，得以向亲朋故友炫耀自己的成功，这不能不说是人们在着装意识上表现出来的虚荣心。后引申为出外奋斗多年，得以回乡做官，好似衣锦还乡。

中国人服装理念的表现形式非常丰富，以上仅是一些最有代表性的。数千年来，这些服装理念在中国文化的发展演变过程中，不同程度地产生着变异，有些萎缩了，有些却壮大了，还有一些一如既往地存在着，不符合现代社会思想意识，而又顽强地呈现出胶着的状态。这正是民族文化积淀深厚并呈现大一统、小多元倾向的特色之一。

二、历史上的西方服装现象与理念

（一）西方古代、近代服装现象

1. 古希腊、古罗马服装的松散与袒露

从公元前8世纪到公元395年的古希腊、古罗马时期，不仅创造了丰富的物质精神财富，还创造了就我们今天来看仍是十分优美的服装。

图3-5　巴黎卢浮宫藏品

古希腊的服装“基同”（Chiton）分为爱奥尼亚式（Ionic Chiton）和多利亚式（Doric Chiton）两种。前者一般为较为轻柔的长方形麻织物，沿着人身体的围度进行缠绕后对折，留出手臂的空隙后将侧缝缝合，然后从肩部到手臂的位置用几个做工异常精美的别针进行固定，形成天然的袖型，也形成了简与繁的对比，两个别针之间的部分裸露出肌肤。后者是以一块长方形的毛织物，先把长边的两侧翻折出一定的量作为垂下来的装饰，再沿着人身体的围度进行缠绕后对折，最后在两侧肩部用别针固定，这个款式没有袖子的构成，一侧也不缝合，能看到人体侧面的身体，这是多利亚式基同一个非常大胆的构造。

仅仅是用一块布进行装饰，就能创造出如此美丽的衣服，它又和人体如此自然地融合起来，体现了古希腊人随性、自由的精神特质。

再来看看古罗马的服装，作为古罗马人身份象征的围裹式长衣托加（Toga）是一块 6m×2m 的椭圆形的布。古罗马人不用别针等任何连接手段，只是通过缠裹将其披在身上。

古罗马的哲学家、演说家、雄辩家和政治家们就是裸身穿着这样的衣服出现在政治集会和各种辩论场所的，体现了他们终身追求人体自身舒适、不受束缚的个性。

2. 哥特时期服装上的“省道”

哥特，本是北欧一个游牧民族——斯堪的纳维亚的游牧部落。在欧洲中世纪时期，正是这些哥特人建立了几个国家并创造了以建筑为首的带有独特风格的艺术。所以这种艺术风格基本上可以概括为“哥特式”。所谓哥特式风格，最初用来概括欧洲中世纪特别是 12～15 世纪的建筑、雕刻、绘画和工艺美术。哥特式的艺术风格表现在建筑上是造型挺秀的小尖塔、轻盈通透的飞扶壁，体现在服装上则是尖尖的帽子、尖尖的鞋，当然还有就是“省道”（dart）对服装结构和外观的改变。

13 世纪，受建筑风格的影响，欧洲服装开始有了立体概念的裁剪方式，其关键就是对于“省道”的运用。这种与平面裁剪完全不同的裁剪方式将服装上胸腰之间的多余部分剪掉、缝合，从腰身以下到裙摆处加入许多三角形的布，塑造了像花朵一样打开的下摆。这样的服装具有上尖下宽的造型特点，像一个三角形一样，这和哥特时期的建筑具有一脉相承的风格特征。在西方的服装史上，哥特时期出现一个划时代的重要服装现象，那就是服装的立体造型出现了。从此以后，它和东方绵延数千年的平面裁剪方式分道扬镳，也为后世异常丰富并繁复的服装款式创造了条件。

3. 紧身胸衣包裹下的“S”形曲线

说起欧洲的女装，就不能不提起紧身胸衣。这个用人为的力量将女人的胸部托起、腰部束细的内衣在西方服装史中扮演着非常重要的角色。它最初的流行无疑是特定历史环境下的特定产物——欧洲王室女性们喜欢用紧身胸衣束身，并认为 13 英寸（1 英寸≈25.4mm）的腰围是上流社会妇女优雅身姿的标准。于是上行下效，紧身胸衣在漫长的几百年间为欧洲的女装造型定下了基调。16 世纪以来，贵族妇女让她们的孩子从小束紧身胸衣，我们在今天的许多画作中都能看到这样的情形。渐渐地，社会各阶层的女性都开始用紧身胸衣来塑造自己的身体曲线。

紧身胸衣的材质有许多种：有全部金属的，有鲸须内衬的，有硬布的，也有丝绸的，虽然它们的结构和束型的强度有所不同，但都是为突出女性的娇媚和第二性征而设计。紧身胸衣的腰部部分相当于一个腰封，它对腰部的收紧一方面形成了与丰满胸部的对比，另一方面也确实起到了托起胸部的作用。因此，紧身胸衣具有托胸和收腰的两方面作用，塑造了女性“S”形的曲线。

4. 撑箍裙塑造钟形的造型

起源于文艺复兴时期的利用裙撑塑造穿衣效果是欧洲女装另一个重要现象。妇女们在衬裙之外穿上像鸟笼、轮胎圈或圆台似的裙撑，然后再在裙撑外套上一条或几条裙子，形成一个下半身非常膨大的造型。这与上半身用紧身胸衣束紧的纤细腰部形成了一个鲜明的对比。

图 3-6　《格雷厄姆家的孩子们》中穿着紧身胸衣的孩子

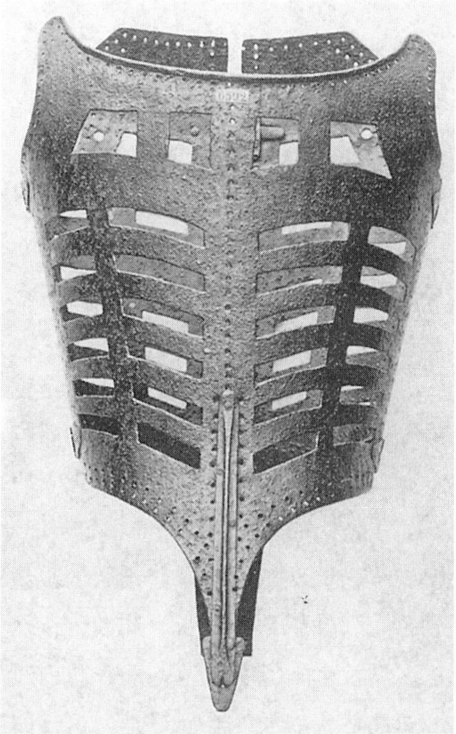

图 3-7　铁质紧身内衣

图 3-8　18 世纪下半叶的撑架裙

(二) 西方古代、近代服装理念

1. 古希腊人与衣的和谐

古希腊民族是一个天性豪放和开朗的民族，他们的服装浪漫、飘逸，具有一种随意的优雅。这是一个热爱运动、崇尚美和力量的民族，他们的服装也就相应地表达出一种人体与服装的和谐关系。古希腊人的服装仅仅是将布料在身体上进行围裹，用不同的别针固定方式和衣带的围裹方式来塑造不同的款式。围裹成形的衣服因此非常宽松自在地与人体接触，这使得人们有着充分的活动余地，给人体自身的美留下极大的空间。

也许会有人认为，这是因为古希腊文明在公元前，他们只会以这种简单的方式来装饰自身，但不要忘记，比他们还要早几百年的克里特女性已经穿着完成度极高的服装了：不仅是上下分离的服装样式，还有着领口开得极大、腰部被紧紧束住的结构。因此，古希腊人对服装样式的选择体现了他们天性中对美和自然的认同，以及对服装与人体的和谐的重视。

2. 近代人与衣的对抗

前面提到的紧身胸衣和撑箍裙如同一对双生子，在几百年间同时出现，左右着西方女性对美的评判标准以及对自身的塑造标准。翻看传世画作，我们常常会被其中女性那用紧身胸衣束紧的纤细腰部、以撑箍裙撑起的膨大的裙摆所折服：这是多么美丽、多么娇柔、多么华贵啊！但如果深入想一想，它们的确夸大了女性的第二性征，但同时也是一种对人自然状态的无情束缚。

先来看看紧身胸衣。16 世纪末法国作家描述了著名外科医生对死去的女性进行解剖的情形，“那些看起来漂亮的纤纤细腰的女人，在被掀开皮肉后，露出了相互重叠的肋骨”。这无疑表明了隐藏在华丽外表之内的社会产物——紧身胸衣对人体的摧残。

再来看看撑箍裙。在其达到巅峰的 18 世纪，它的横宽最宽时达到 4m，这就意味着，马车需要改装，很多如剧院的公共场所已经无法为那些穿着裙撑的贵妇提供服务了。撑箍裙拓展了人体空间、将人体膨大化了，其结果依然是体现了服装与人的一种对抗。

英格兰西南部得德文郡的女公爵乔治亚娜・卡文迪什在她 1778 年出版的小说《苗条女人》中写有这样的句子：“……为了勒紧我那件新款法国紧身胸衣，竟然拉断了两根带子时，不知你会笑成什么样儿，这真是有失淑女风范。……我已经不再是从前的我，我敢和你打赌，你从未见过如此迷人的洋娃娃。只是，这样的内衣把我的胸紧紧地裹住，真让人无法忍受，所以我的胳膊总是觉得疼痛；身子

图 3－9　1895 年一位束腰者的照片

两侧也像被夹子夹住一样。但是，这就是‘美’，因美而荣，没有疼痛。”果真是没有疼痛吗？其实不是，但在众人都认为美的前提下，即在相对于自然美的社会美跟前，疼痛也就可以忍耐了。

3. 服装对女性形象的塑造

在服装史上的洛可可时期，女性成了男性观赏和追求的“宠物”，服装对女性的形体塑造在这个时期到了登峰造极的地步。女装被一种纤巧、富丽的风格所主宰：宽大的皱褶、纤细的腰身和肥硕的裙子，在色彩上明丽轻快，在图案上华美玲珑，在细节上繁缛精细，大量的花朵和丝带装饰使得当时的女装被称为是行走的花园。为了获得当时人们认为的最美的比例和最佳的穿着效果，女人们用紧身胸衣和撑箍裙来束身，将胸部尽可能地托起，将腰部尽可能地收紧。这样做的结果使得胸部的血液流动受到阻碍，女人们常常被勒得透不过气来，时时有着晕倒的危险，不得不拼命地扇扇子或嗅嗅盐来促进呼吸。但男人们对这种娇弱的、妩媚的、随时有可能昏倒的女性形象非常着迷，此时的服装塑造了作为花瓶、处于附庸地位的女性的形象。

从 17 世纪末到 18 世纪初，西方女装一改其夸张的造型，变得简单轻薄起来。她们穿着像衬裙一样的薄棉布连衣裙，把腰节提高，袖子很短，露出雪白的臂膀，头发也只是简单地进行装饰。女性的阴柔在这个时期的服装上有一个最突出的体现，标志着娇不胜衣的“薄衣时代”的来临。这种朴素的衣服其实并不能御寒，因此造成感冒等病症的肆虐，但这依然不能阻碍这种被认为是优雅和古典的服装风格的流行。

图 3-10 薄衣时代的女子服装

前面所述的这两个时期的服装尽管在造型、具体装饰细节和着装形象上大相径庭，但它们殊途同归，都符合当时的审美标准，对塑造当时的男人（包括女人）所认为的美人起到了决定性的作用。

4. 男女平等思想在服装上的体现

20 世纪第一个十年到第二个十年间，随着战争的爆发，人们的服装理念也发生了翻天覆地的变化。战争使得男子参军，而以前只作为家庭主妇的女性们不得不走上社会。从花瓶到参加工作的劳动者，这一角色的转变使得他们的服装从装饰性走向功能性。这时期的女装裙长被缩短，露出小腿和脚；紧身胸衣和撑箍裙被放弃；各种繁复的装饰物被去掉。这个时期推崇男童式的新女性面貌，崇尚那种压平胸部、放松腰部、束紧臀部的“管子状”的造型；再衬以此时女性典型的消瘦身材、爽利的短发，别有一股妩媚的韵致。

女装的这种改变可以说是翻天覆地的，它集中体现了对千古不变的传统理念的挑战：女性终于改变了她只是作为男人附庸的一种存在的着装法则——开始了她们为自己穿着的时代。这种混合着叛逆与探索、放纵与奢华的基调构成了“咆哮的 20 年代”（the Roaring Twenties）的流行风貌，是男女平等思想在着装上的体现。

三、当代服装现象与理念

(一) 当代服装现象

1. 内衣外穿

在西方，内衣的英文为 Undercover 或 Underwear，它包括紧身胸衣、乳罩、束腰、连胸紧身衣等许多种类。

内衣最早产生于古罗马时期。后来的几个世纪，女性将衬裙作为内衣。从 17 世纪开始，女性开始穿紧身内衣塑造身型，紧身内衣从此时断时续地束缚着人的身体长达 3 个世纪。

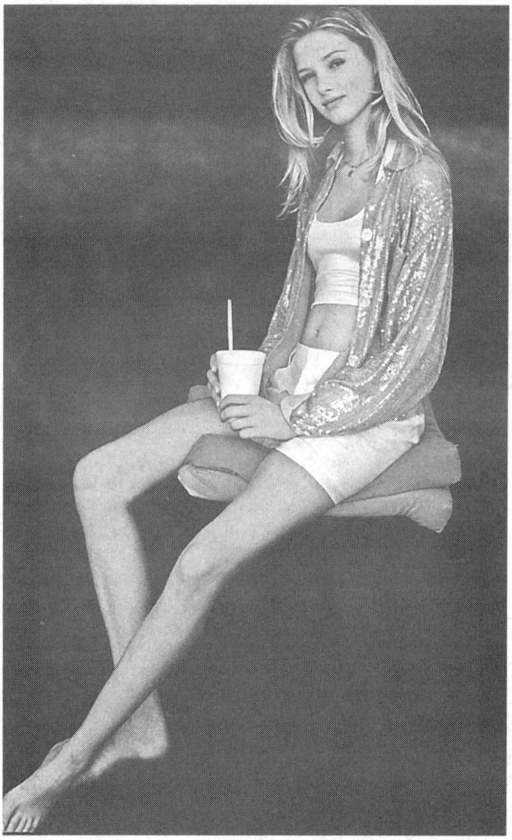

图 3-11 内衣外穿

20 世纪初，伴随着弹性织物在服装中的广泛应用，内衣变得越来越舒适宜穿。1922 年，接近我们现代胸罩的内衣被推出。1946 年，一位名叫刘易斯·里尔德的法国人推出了胸罩和三角内裤的著名组合，它被冠以于同年爆破原子弹的岛名——“比基尼”（Bikini）。比基尼只能遮住女性身体上的三个关键点，如此大胆又如此性感的衣服确实可成为时尚界的一枚“原子弹”。

但内衣外穿风潮真正在一个大范围内流行，却在半个世纪以后，时尚顽童让-保罗·戈尔捷设计了令人震惊的衣裳。1990年，歌星麦当娜穿着他设计的尖胸装在她的巡回演唱会上高歌《物质女孩》（*Material Girl*），从而掀起了一股强劲的内衣外穿时尚潮流。

这之后，各个大牌设计师纷纷推出自己的内衣外穿风格：有维维安·韦斯特伍德宫廷内衣风格，有让-保罗·戈尔捷内衣搭配长裤的出场；有多尔切和加巴纳（D&G）复古的胸衣配纱裙，也有夏奈尔、迪奥轻薄的蕾丝内衣透视装。随后，这股秀场上的内衣外穿风又吹入寻常百姓家，无论是东方还是西方，女性们以各种方式将内衣或近似内衣的服装穿到了外面。

2. **中性风格**

服装除了具有保护、修饰身体的功能外，还有一项重要的作用就是性别的标识作用，也就是说，我们能从服装上看出男女性别角色的不同。一般来讲，服装要突出体现男性的阳刚之美和女性的阴柔之美。因此，男性穿西服、西裤、夹克、衬衫等外部廓型较硬的服装，女性穿裙子、胸衣、丝袜等突出柔美的服装。但是，人们并不能从此满足，着装者总想寻求新奇。

自20世纪60年代以来，中性风格（unisex）在时尚界形成一股热潮。这种流行主要表现在服装呈现出一种无显著性别特征的、男女都能穿着的风格上。这个时期的一些次文化现象对中性服装的流行起到了推波助澜的作用。如“嬉皮风貌”的一个典型的着装特色就是紧窄的衬衫和紧身喇叭裤的组合，穿着这身行头的人无论男女都留着长长的头发。紧身的衬衫塑造出一个细细的腰肢，裤子上紧下松形成一个喇叭状，每个人的造型都是如此，所以只有从正面才能看出男女，仅从背影是无从分辨的。其实，除了牛仔裤外，T恤本来也只是男人的内衣，后来成了外衣，再后来也被女性穿着。男女着装的界限被逐渐打破了。

时装设计师哈代·艾米斯在20世纪60年代提出“孔雀革命（Peacock Revolution)”的口号，这种提法认为男性可以像开屏的雄孔雀一样充满魅力，男装也可以像女装一样缤纷，以此来展示其雄性瑰丽之风，这也成为带动男人着装新风尚的重要标志。牛仔裤是具有代表性的中性服装，它的独特之处在于它冲破了性别的界限，成为弱化性别以至中性的服装符号。它和60年代的“孔雀革命”一起使男女服装的性别差距缩小了，这使服装的真正现代化又迈进了一步。

1983年，英国的《太阳报》首次出现了一个新造的词“gender bender”，用以描绘那些在着装、化妆和发型上打破男女之间界限的特征。这之后一直到今天，中性化的设计方向一直是时尚流行的一个重要方面。

20 世纪 80 年代以来，设计师乔治·阿玛尼为中性化的穿衣时尚作出了很大的贡献。他较多地运用黑、灰、深蓝等色调，还独创出一种介于淡茶色和灰色之间的生丝色。他不仅改变了男性上衣过于硬朗刚毅的外观，还将厚垫肩和男子上装宽阔的造型应用到女装上，使女装具有一种干练、优雅、强势的中性色彩。设计师维维安·韦斯特伍德也设计了一些男女界限模糊的服装，如以摄政时代为灵感的华美的“海盗”系列。

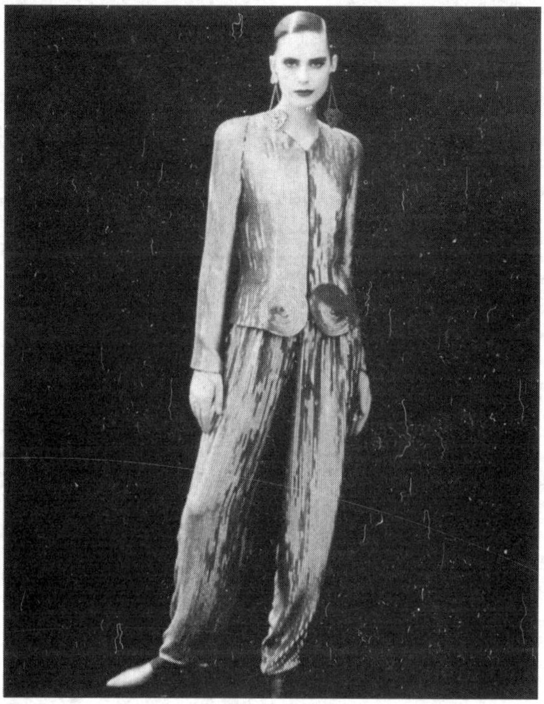

图 3－12　乔治·阿玛尼设计作品

其他设计师，如让-保罗·戈尔捷、约翰·加利亚诺、高田贤三（Kenzo）等人都大胆借鉴了女性的时装元素，如男式的裙子，男装也用蕾丝的花边等。这股风潮甚至吹到了进行表演的 T 台上，以往高大威猛的肌肉男型模特一统天下的局面一去不复返了，纤细、阴柔类型的模特，甚至有着比女人更精致的面庞的男性成为时尚标志，中性当道的年代到来了。

20 世纪 90 年代以来，男人的服装也在悄悄地变化着，如西装一改以往的黑、灰、棕色系列，而是和各种鲜明的颜色有了联系；上浆的衬衣改为采用轻薄的面料，可以像一层纱一样呈现一种飘逸之风；造型女性化的太阳镜和丝巾也被男人们作为装饰佩戴，等等。这股风一直吹到 21 世纪的今天。

3. “青年思潮”与服装流行

20 世纪 60 年代是一个动荡不安的年代：变幻的政治体制的阴影、对越战争的残酷以及充斥欧洲的各种激进思潮使那些步入青春期的战后婴儿潮的一代充满了反叛、不安的情绪。年青一代带着他们浪漫的热忱、“打破”的冲动与追求更高精神层面的愿望，成为反权威与反传统的“执戈者”。而急剧演变的社会价值观、丰裕的物质文化又给这股年轻的思潮提供了发展的温床。

青年思潮主张政治、文化和心灵的自由。年轻人们反对既成的社会规范，反对他们父辈的价值观，也反对破坏一切的战争（1965 年的伦敦集会以“要爱不要战争”的口号来反对越南战争）。以“避世派运动”（Beat Movement）为契机和开端，年轻人们用集会游行、怪异装束和跨越国界的音乐来发泄他们狂热的情绪，来诠释他们所认同的思想体系。逐渐地，这种初时只为少数激进分子所拥护的“年轻的文化”以它崭新的、充满活力的面貌征服了世界各地的人们，以新音乐、新艺术和新政纲为改革内容的青年思潮奏响了它虽稚嫩但发人深省的时代号角。

正是这股“青年思潮”打破了这之前服装那种成熟的、优雅的、上位的经典旧容，服装第一次呈现了它年轻多变的、个性化的新鲜样貌。不同于以往以“成熟夫人”为流行的根基，20 世纪 60 年代的风尚充分地体现了下位文化论（Bottom-up Theory）。这是一个对年轻进行赞美的时代，此时最当红的模特 Twiggy（原名莱斯特·霍恩：Leslie Hornby；Twiggy“嫩枝”为其绰号）可以帮助我们管窥当时风尚之一斑：儿童般未发育的细长身材、长腿、平胸、窄肩；梳着维达·沙宣（Vidal Sasson）设计的在视觉上使头部比例放大的几何状发式；描着粗重的黑眼线、戴假睫毛、弱化唇色。这个 19 岁就退出时尚圈的名模具有孩童般的样貌，她是此时期最受推崇的女性形象，代表了 60 年代的审美取向。

图 3－13　20 世纪 60 年代最著名的模特莱斯特·霍恩

图 3－14　霍恩在 1967 年的时装片

图 3－15 朋克服饰形象（1）

图 3－16 朋克服饰形象（2）

任何时代的服装不仅是当时政治、经济的缩影，也是意识形态领域中的产物——时代思潮的反映。20 世纪 60 年代的几种青年文化——嬉皮士（Hippie）、摩登派（Mods）、摇滚派（Rockers）和朋克（Punk）等无疑成为引领时尚的风向指标。

它们创造出许多新的款式与流行，与服装的结合达到了完美的程度，作为这个时代的血液最佳地诠释了它年轻、叛逆的因子。

多样化是此时期流行的特点。在“青年思潮”统治下的服装舞台上既有对东方文化崇拜而衍生的宽松佛袍、看似保守而实则激进的“祖母风貌”（Granny Look）、故作天真的孩童款式，又有大胆到极致的比基尼泳装和无上装设计。牛仔裤也是此时流行的必备元素。

最能体现这个时期风貌的服装当首推迷你裙。玛丽·匡特使迷你裙成为万众瞩目的焦点，她的设计根源于街头文化而体现了自然的风貌。而在此之后安德烈·库雷热把迷你裙与连裤袜、靴子并用，使之被提升到一个艺术的高度，打破了“街头服装”与“高级时装”的界限。它以年轻的特征和膝以上 25cm 的极限长度造成对“高雅传统”的致命一击，因而具有非凡的意义。

图 3－17　服装设计师玛丽·匡特

此外，“未来主义”风格也表现了这一时期的流行趋势。皮尔·卡丹的“宇宙服风格”和伊夫·圣·洛朗的“蒙德里安风格”都是当时非常前卫的典范。同时对材料的应用也日新月异。19 世纪末擎起高级时装大旗的沃思和 20 世纪 50 年代的完美主义者克里斯汀·迪奥一定都不会想到他们的后人竟然会摒弃精美的丝绸和高品质的毛呢，如此大量地把塑料和橡胶作为服装的原料。应当指出的是开始于 20 世纪 60 年代的服装的深刻变革不仅仅局限于款式、材料和运作方式上，它更是观念上的急转。

(二) 当代服装理念

1. TPO 原则与着装礼仪

在整个西方和一些东方国家，如日本，人们穿衣有着一整套规则，其中比较具有代表性的是 TPO 原则，TPO 就是时间（Time）、地点（Place）和场合（Occasion）的缩写。

西方一直以来对穿着服装很有讲究，但 TPO 原则的最早提出者是东方的日本人。这个原则是日本的男装协会（Japan Men's Fashion Unity，简称 JFU）作为该年度的流行主题在 1963 年提出的，其目的主要着眼于为日本的公众尽快树立起一整套基本的现代男装国际规范与准则。

TPO 原则的核心思想就是在一定时间、一定地点和一定场合穿着正确的衣服。首先是时间，如男装中的燕尾服和小礼服只能在下午六点以后的社交场合中穿着，而在白天穿则是不允许的也是失礼的；与此相对，晨礼服只能在白天穿而不能在晚上穿。

图 3－18 穿西装的绅士

图 3－19 20 世纪中期的男装

其次是地点，如果在旅游时穿着笔挺的西装就会让人觉得很怪异；同样，如果在办公场所和谈判场地穿衬衫和短裤，也是对其他人的不尊敬。

最后是场合，在西方参加一些聚会，如果主办方在给来宾的请柬中注明“请系白领带”，那么说明这是一个规格较高的场合，来宾就必须得穿燕尾服；如果注明“请系黑领带”，那么说明这是一个规格稍低的场合，人们可以穿小礼服。

TPO 原则在西方人的生活中扮演着非常重要的角色，只是在 21 世纪初人们对个性与自由的追求逐渐加强才稍有减弱。

2. 多元化的社会宽容

人类服装的演进如同自然界的进化，当服装个性化更加趋于成熟时，世界上的服装将出现万紫千红、瞬息万变的壮观场面。服装变化的流速一定要加强，服装形象才会变得日新月异。人们的着装心理，会从趋同变得更为喜新厌旧（旧，非指传统）。物质的丰富加速了这个进程。但这种变化即使不断出新，也是往复循环的，或是呈螺旋形上升状态的。

如果把服装的发展，浓缩为一个简单公式，那就是各民族服装——国际化服装（各民族共同服装）——个性服装（现代化的、民族的、个性化的服装）。

但愿这种预想是符合未来世界的，我们的下一代将以自己独到的文化认知能力和艺术创造能力，去续写人类服装永无终结的新篇章。

3. 对个性的追求

所谓个性，不仅仅是一个单独的着装者所表现出来的意识，也可能是一个着装者群，如职业装、礼服等，这些都是对民族、部落服装完全统一的反证，又是在大机械时代成批量生产的标准服装上的提高。很有可能的是，以后在相当一部分着装者中，又必然重新依赖于个体设计、个体制作，以至部分地取代流水线的工厂生产的状态。当然，这些都是难以在今日准确地做出预想的。但是可以说，个性在服装上越来越显著的体现，是人类文化高度发展的历史时期中的服装发展方向。

在全球领域内，个性化的着装理念越来越被重视。据调查，法国有18%的男性和61%的女性常常为尺码、式样（面料、颜色、裁剪）等原因买不到合适的服装。法国政府在2005年的一项新纺织品计划中，着力研究发展个性化服装市场。该计划将运用人体扫描室，或者量体裁剪机，为顾客量身定做服装，并通过互联网数码技术实现个性化服务。

个性化服装生产的概念与时装规模化生产之前的个体裁缝店量身定做服装不同，是利用现代技术使服装工业化生产与消费者需求直接挂钩的新创举。研究认为，由于消费者对个性化服装需求的增长或说疯狂地追求，该市场经济前景非常乐观。

第二节　服装设计创意

一、古代服装设计创意

众所周知，“设计”是一个现代的概念，具体在服装上，它是人们按照一定的穿着意图，对所穿的衣服从选择材料、制作到如何穿着的整个贯彻过程。古代虽然没有“设计”这个概念，但他们对服装以及穿衣状态都有着自己的事实上的“设计”，以下就是几个实例。

（一）中国魏晋的“解衣当风”

魏晋南北朝，是中国历史上一段战乱频频、生活动荡、政治形势多变、民众流离失所的时期，用胡适先生的话来说，“这是一个蛮夷入主中原的时代”。在这种纷乱的形势下，无数满腹才华的士人空怀报国之志，只得终日饮酒、奏乐、行散、吞丹、谈玄，以借此来宣泄被压抑的个人情怀。在这个时代，无论哲学、宗教又都达到了一个新的高度，这无疑是一个思维活跃的时期。这个时期士人的服装并没有按照服装发展的“正常”轨迹进行，而是根据自己的出世心理产生了与此相对的审美倾向，让我们来看看魏晋时期的文人服装形象：

一是以衣裳博大为美，即所谓褒衣博带。《晋书·五行志》载：“晋末皆冠小而衣裳博大，风流相仿，舆台成俗。”《宋书·周郎传》记：“凡一袖之大，足断为两，一裾之长，可分为二。”《世说新语·容止》记述：“庾子嵩长不满七尺，腰围十围，颓然自放。”另外，《颜氏家训》等书中也记录下了当时士人均好褒衣博带、大冠高履或小冠高齿屐等服装形象。

二是以衣冠不修为美。《抱朴子·刺骄篇》称：“世人闻叔鸾与阮嗣宗，傲俗自放……或乱项科头，或裸袒蹲夷，或濯脚于稠众。”《晋记》载：“谢鲲与王澄之徒，摹竹林诸人，散首披发，裸袒箕裾，谓之八达。”《搜神记》写道：“晋元康中，贵游子弟，相与为散发裸身之饮。”《世说新语·容止》中记载：“裴令公（裴楷）有俊容仪，脱冠冕，粗服乱发皆好，时人以为玉人。”散发，箕坐，是直接违背儒家礼教的，魏晋士人故意为之，以示不拘礼法，傲俗自放。《世说新语·任诞》中还记有这样一件事：“阮仲容（阮咸，阮籍侄，‘竹林七贤’之一）、步兵（阮籍，曾为步兵校尉）居道南，诸阮居道北。北阮皆富，南阮贫。七月七日，北阮盛晒衣，皆纱罗锦绮。仲容以杆挂大布犊鼻裈于中庭，人或怪之，答曰：‘未能免俗，聊复尔耳！’”阮籍虽口中说“未能免俗”，实则以竹竿挑起粗布大三角裤衩，这种关于服装的行为，本身即是对绫罗绸缎、对富有、对摆阔进而对儒家礼俗的讥讽。

粗服乱头又能被赞誉为玉人，这是对儒家“文质彬彬，然后君子”之说的挑战，同时又是对道家“圣人是以被褐怀玉”的肯定、发展和诠释。解衣当风，常被后代文人奉为洒脱之举，特别是未入仕途或失意文人正是借助于魏晋士人的服装观，表现出对倜傥风流的追求。以上种种都是魏晋时期人们对自身服饰的“设计”。

（二）中国唐代的丰腴浓艳

隋唐五代时期的女子服装，是中国服装演变史中最为精彩的篇章，其冠服之风美华丽，妆饰之奇异纷繁，都令人目不暇接。其总体态势，不仅超越前代，而且后世也无可企及者，可以称得上是封建社会中一朵昂首怒放、绚烂华美的瑰丽之花。大唐三百余年中的女子服装形象，主要可分为襦裙服、男装、胡服三种配套服装。现以襦裙服为例，说明唐代服饰的丰腴浓艳。

图 3-20　中国唐代的丰腴浓艳——唐代《捣练图》（局部）

襦裙服主要为上着短襦或衫，下着长裙，佩披帛，加半臂，足蹬凤头丝履或精编草履。头上花髻，出门可戴幂䍦。首先来说，唐朝女子依隋之旧，喜欢上穿短襦，下着长裙，裙腰提得极高至腋下，以绸带系扎。上襦很短，成为唐代女服特点之一。襦的领口常有变化，如圆领、方领、斜领、直领和鸡心领等。盛唐时由于交流广泛，人们思想开放，所以一时流行起袒领，最初多为宫廷嫔妃、歌舞伎者所服，但是一经盛行，连仕宦贵妇也予以垂青。袒领短襦的穿着效果，一般可以见到女性胸前乳沟，这是中国服装演变中比较少见的服式和穿着方法。方干曾有《赠美人》诗“粉胸半掩疑晴暗雪”、欧阳询《南乡子》诗“二八花钿，胸前如雪脸如花”等句子或许描绘的就是这种装束。唐代懿德太子墓石线雕和众多陶俑上都显示了这种领型，只不过前者穿的可能是衫。襦的袖子初期有宽窄二式，盛唐以后，因胡服的影响逐渐减弱因而衣裙逐日加宽，袖子放大。文宗即位时曾下令：衣袖一律不得超过一尺三寸，但“昭下，人多怨也”，反而日趋宽大。衫较襦身长，而且衫多指丝帛单衣，质地轻软，与可夹可絮的襦、袄等上衣有所区别，也是女子常服之一。从温庭筠诗句“舞衣无力风敛，藕丝秋色染”和元稹诗句“藕丝衫子藕丝裙”以及张佑诗句“鸳鸯绣带抛何处，孔雀罗衫付阿谁”、欧阳炯诗句“红袖女郎相引去”等处来看，唐代女子着衫非常普通，而且喜欢红、浅红或淡赭、浅绿等色，并加“罗衫叶叶绣重重，金凤银鹅各一丛”的金银彩绣为饰。

裙子是当时女子非常重视的下裳。制裙面料一般多为丝织品，但用料却有多少幅之别，通常以多幅为佳。裙腰上提高度，有些可以掩胸，有的可以上身仅着抹胸，外面直接披纱罗衫，致使上身肌肤隐隐显露。如周昉的《簪花仕女图》以及周濆的诗："惯束罗裙半露胸"等诗、画描绘的基本就是这种装束，这是中国古代女装中最为大胆的一种，足以想见唐代思想开放的时代背景。其裙身之长，可见孟浩然之诗句："坐时衣带萦纤草，行即裙裾扫落梅。"卢照邻亦云："长裙随风管。"其裙身之丰，可见李群玉诗"裙拖六幅湘江水"、孙光宪诗"六幅罗裙窣地，微行曳碧波"等句和大量佛教壁画供养人像以及众多陶俑。其裙腰之宽，可读孙棨诗："东邻起样裙腰阔，剩蹙黄金线几条。"

图 3-21　章怀太子墓壁画中的侍女形象

除此之外，武则天时还有将四角缀十二铃的，行走时可以随步叮当作响。裙子颜色一般尽人所好，多为深红、杏黄、绛紫、月青、草绿等，其中石榴红裙流行时间最长。李白有"移舟木兰棹，行酒石榴裙"，白居易"眉欺杨柳叶，裙妒石榴花"，万楚"眉黛夺得萱草色，红裙妒杀石榴花"。红裙流行范围之广，可见《燕京五月歌》中："石榴花发街欲焚，蟠枝屈朵皆崩云，千门万户买不尽，剩将儿女染红裙。"另外，《太平广记・萧颖士传》中记载："一妇人着红衫、绿裙。"李商隐诗："折腰多舞郁金裙。"除此还有众多间色裙等，表明裙色鲜艳，多中求异。唐中宗时安乐公主的百鸟裙，更是中国织绣史上的名作，这种裙以百鸟毛织成，白昼看一色，灯光下看一色，正看一色，倒看一色，且能呈现出百鸟形态，可谓巧匠绝艺。一时富贵人家女子竞相仿效，致使“山林奇禽异兽，搜山荡谷，扫地无遗”。

（三）西方拜占庭时期的高贵典雅

在公元5～12世纪的漫长岁月中，以君士坦丁堡为首都的拜占庭帝国，成为当时西方世界的经济、文化以及服装流行的中心。

历史学家对这个时期的描述是：富裕、优雅、杰出。这也在服装上有着集中的体现。拜占庭时期的服装在西方服装史上是一个承上启下的阶段，它融合了古希腊古罗马的一些服装风格和样式，汲取了同时代的东方元素，对中世纪和文艺复兴时期的服装风格产生了深远的影响。

总体来讲，影响拜占庭服装的风格的主要是三个因素：一是对古希腊罗马服装的继承；二是宗教信仰对服装款式的影响；三是东方风格元素的运用。三种要素的杂糅，使得拜占庭时服装设计出现了一种独一无二的风格。

首先是对古希腊罗马服装的继承。受希腊和罗马人的影响，拜占庭人的服装样式也比较简单，最主要的服装就是“T”形的贯头衣（Dalmatica），这种款式与古罗马的贯头衣（Tunica）一脉相承。这种贯头衣没有性别的区分，制作也非常简单，就是把布料裁成十字形，在正中交叉的地方挖一个洞作为领口，然后把侧缝和袖缝缝合。此外，拜占庭的官员们也穿古罗马的托加。

其次是宗教对服装款式产生了比较大的影响。拜占庭人信奉基督教，基督教提倡正统端庄，这使得在我们后世看来，拜占庭的服装都有一个共同的特点，那就是无论男女都几乎不袒露肌肤，女子甚至还要遮住脸和手，而男子在长袍中还要穿短裤，人们的身体基本上被层层叠叠的服装包裹住了，男女的第二性征在这里很不明显。

最后是东方元素对拜占庭服装的影响。自11世纪晚期开始，十字军东征开始了，也开始了和东方文化的接触。此时的服装体现了这两种文化的碰撞。拜占庭时期的服装面料上有许多带有东方色彩的图案，这使得后世的人在看到这个时期的服装时能够明显地感觉到浓郁的异域色彩。波斯人把中国的蚕茧偷运到了西方，拜占庭人生产出了一种六股丝锦缎，这种面料质地细密厚实，花纹一般都奢华高贵。

（四）西方洛可可时期的繁缛富丽

所谓的洛可可风格，是指18世纪欧洲范围内流行的一种艺术风格，它是法文

“岩石”和“贝壳”构成的复合词（Rocalleur），意即这种风格是以岩石和蚌壳装饰为其特色；也有翻译为“人工岩窟”和“贝壳”的，用来解释洛可可艺术所多用的卷曲的线条。

洛可可风格也反映到18世纪的服装上，它对东西方的服装流行都产生了深远的影响。

图3－22　洛可可风格代表服饰——蓬巴杜夫人像

相对于男装来说，这个时期的女装更能表现出洛可可风格的繁缛富丽。洛可可风格的女装起源于宫廷的贵妇。提起洛可可时期的女装，就不能不提起当时时尚引领人之一、法国国王路易十五的情人蓬巴杜夫人。这是一位有智慧、有教养、有品位的女士，她具有很高的审美情趣并对服装兴趣深厚。她常穿着具有宽大皱褶、纤细腰身和肥硕裙裾的华美礼服，色彩无不明快淡雅、图案无不精巧玲珑，卷曲的内衬和无尽的繁复细节相得益彰，使洛可可风格的服装艺术得到了最完美的体现。从1756年蓬巴杜夫人的一幅肖像中，我们可以管窥这种风格的繁复与富丽：夫人斜倚在铺着羽绒衾的床上，华贵的缎子撑箍裙缀满了五彩缤纷的花饰，胸前一朵大缎子蝴蝶结，更增添了雍容华贵的穿着效果。另外还有一张1758年的肖像，蓬巴杜夫人处于花丛中，身着华丽的裙服，裙子上镶着蔷薇色的缎带。她的缎带皱褶几乎布满全身，肘部是一圈蓬松的彩带，颈间也有一圈缎带做成的花环，再加上前襟、裙前和裙下摆的褶裥做成的花饰，使她本人就像是一簇花。同时，她手中拿着一枝蔷薇，在她的左胸前也别着一朵蔷薇花。蓬巴杜夫人头上装饰着珍珠，颈下佩着一条短项链，手腕上戴着一副四股的手镯。

从洛可可风格服装的袖子上，我们也可以看出这种服装风格的繁缛富丽：袖口制作得精致而复杂，带有饰边。带翼的袖口被细丝褶边所取代，这种褶边通常分为两层，上层镶着穗、金属饰边和五彩的透空丝边；袖子下面是两层，有时是三层褶皱。褶纹由细而宽，褶边的尽头还镶着更豪华的边饰。

洛可可风格服装最突出的是平面的花朵图案和立体的缎带系扎的花。当时的贵妇，几乎每个人的领口上、衣领上，甚至头发上都装饰着花。这些都是她们对当时的美的认知的贯彻。

二、现代服装设计创意

（一）设计师勇于吸纳民族文化

简单地说，民族服装是那些具有民族特色或地域特色的服装风格，它是现代时装设计对各民族文化传统的一种观照，它与现代国际化的时装具有一种相对性，是不处于主流地位的一种异质的风格。

民族风貌在巴黎高级时装传统中由来已久，许多设计师都是以民族服装为灵感来源推出他们的经典设计。从 20 世纪初的保罗·波烈开始，吸取东方民族化元素进行设计似乎成为西方许多著名设计师乐此不疲的游戏。20 世纪初，俄国芭蕾舞剧在巴黎公演，其服装色彩浓艳、面料轻透，充满了奇妙的东方风情。保罗·波烈深受启迪，推出了一系列具有东方风格的服装，其中“蹒跚裙（Hobble Skirt)”成为那个时代的时尚标志。此后，波烈又推出了具有异域色彩的“孔子大衣”、“土耳其式裤子”等，为一直以来的纯西方设计风格带来了一股清新的风。

20 世纪 60～70 年代，世界上流行少数民族风貌，很多设计师都借用各种民族服装进行设计，如设计大师伊夫·圣·洛朗推出的俄罗斯系列以及北美流行的印第安风格时装。洛朗还推出一款中国风格的时装堪称民族风格时装的典范：笠形帽、立领宽袖上衣、长裤与皮靴。款式中没有特别具体的中国传统元素，但中国清代满族服装的传统感觉却一望便知，因为首服和上衣明显类似清代兵服，这是设计得到其精髓的好的范例。他在中国举办作品展时曾说过：“中国一直吸引着我，中国文化、艺术、服装、传奇故事都令我神往。”

20 世纪 60 年代，“年轻风暴”席卷全球，嬉皮士在反传统与反体制的同时也渴望对自然的回归，于是在时装圈兴起追求民族、民间风味的流行趋势。这股“民族风”最终也波及到高级时装和高级成衣的时装舞台，设计师们纷纷从民族文化中汲取灵感。

20世纪80年代以来，日本设计师立足本民族的服装文化设计得较为成功，他们中的很多人一改西化的设计风格，大胆审视自己民族的传统，从本土文化中吸取养分。如三宅一生（Issey Miyake）、高田贤三（Kenzo）、山本耀司（Yohiji Yamamoto）、川久保玲（Reikawakubo）等设计师对东方经典进行了西方式的演绎，使他们在国际时装舞台上赢得了很高的声誉。

三宅一生虽不是第一个为国际公认的日本时装设计师，但他却是根植于日本民族观念和价值观、在设计上很出色的一位。他的设计非常现代、非常国际，但骨子里的日本民族文化又能够突破形式的外衣而带给人直接的震撼。这种张扬着鲜明的日本民族风貌的设计风格，确立了他自身的国际地位，也开启了一种不再以西方传统风格和审美为摹本，立足本民族而引领国际潮流的序幕。

（二）世界T台充满东方风情

20世纪80年代以来，出现了许多带有东方元素的高级时装，伊夫·圣·洛朗、皮尔·卡丹等设计师都以中国题材为灵感来源。时至90年代末期，中国主题的时装作品层出不穷。在郎万（Lanvin）的服装发布会上，最后谢幕的音乐取自

图3-23　旗袍风情系列设计——约翰·加里亚诺作品

电影《游园惊梦》的原声带，用充满老上海情怀的老歌作为完美的结尾，充满了东方情调的迷幻和神秘。

运用中国民族化元素最为精彩的当属迪奥的设计师加利亚诺，他在20世纪90年代末先后将20世纪初的上海风情和红军的形象搬上了国际时装舞台，中国旗袍的华美、中国漆器上的红色激起了这位天才的灵感与创作火花，浓艳的妆容、超长的中式立领、红丝线的盘扣和西化的“旗袍”组成了让人惊艳的舞台效果。

加利亚诺的东方风情一石激起千重浪，一时间北非风情、印度民俗、中东形象、印第安色彩，轮番成就了国际时装舞台上的浮光媚影。一贯以西方文化为设计主线的意大利服装设计师拉瓦尼·瓦伦蒂诺（Gararani Valentino）也以中国18世纪屏风为灵感，推出了中国清代服装感觉的新作。此外，中国瓷器特有的颜色中国蓝（China Blue）因其神秘深邃的意境被多位西方设计者选为主题色彩。

（三）服装对男女性差的强调与减弱

1. 服装对男女性差的强调

在历史上，这种突出男女性差的服装屡见不鲜。如文艺复兴时期，男装推出宽阔的肩膀，让自己的上半身显得雄壮，下面仅穿贴身的裤袜，甚至用填充物来塑造这种“▽”的造型。中国唐朝的女装大袖纱罗衫，是一种使女性一半的胸部裸露在外的款式，外面披着半透明的纱罗，使人隐隐约约能够看到穿者的肌肤。

现代设计中，对男女性差的强调往往以突出男人或女人的性别特征为代表。如突出女性某个特定的部位——具有凹凸感的胸部和臀部，突出女性整体的身体曲线等。

图3-24 服装对男女性差的强调

比较典型的突出男女性差的设计范例是伊丽莎白·赫丽（Elizabeth Hurley）1994年穿的一件礼服。当年赫丽穿着这件晚装参加了电影《四个婚礼和一个葬礼》的首映式，结果这件范思哲设计的晚装使她一鸣惊人：性感十足的吊带长裙，只用金属别针来连接前片和后片，显露出模特赫丽优美的侧身曲线，大胆而又性感。这款设计成功不成功？让我们看看它的效果就可以找到答案：穿它之前，赫丽的名字只是著名男星休·格兰特的女友；在穿它之后，全世界都记住"伊丽莎白·赫丽"，广告、片约纷至沓来。

2. 服装对男女性差的减弱

20 世纪 20 年代，在战争等客观因素的影响下，人们的着装观念必然发生一些变化，而杰出的设计师夏奈尔预见到了这一点并大大推动了时尚的走向。

可可·夏奈尔无疑是现代服装设计史上一个里程碑式的人物。这个出生在法国乡村的女性具有一颗不凡的心，她曾说过"如果你没有翅膀，就不要阻止翅膀的生长"。这使得她的设计具有颠覆传统的力量：她改变了以男性眼光来判定美的设计立场，在她的眼中，女性自身的舒适和美丽才是设计的出发点，而女性的性别特征退后到次要的地位。

夏奈尔的设计比较注重功能性，她把妇女从突出"S"形曲线的桎梏中解脱了出来，设计非常简洁。她作出了一系列大胆的尝试：她把男人内衣所用的针织面料拿来作直身的女性套装，她以男性化的水手装和水手裤来代替女裙，她设计了一系列较为简洁的人造珍珠项链和人造宝石首饰。

在 1926 年的美国版《时尚》(*Vogue*）中，夏奈尔发表了一款直腰身长袖过膝的黑色纱质礼服，腰线降低、下摆提升，款式很简单，这款几乎没突出什么女性特征的设计一经推出就迅速风靡世界，被誉为"有品位的女子的'制服'"，这就是服装史上著名的"小黑礼服"。

于是，整个 20 年代的女装都具有这种像管子一样的造型，女人像男人一样没有什么曲线，男女间的性差被减少到一个很小的范围。

(四) 服装对简洁与奢华的追求

简洁与奢华是一对矛盾的概念，它们此消彼长或同时存在于服装发展的各个时期，给予了不同设计师对美的灵感来源，满足了不同受众对美的选择与追求。

1. 服装对简洁的追求

前面提到的赫本电影《蒂凡尼的早餐》中所穿的无领无袖小黑礼服，其设计即是秉承"less is more"（少即是多）的原则，以极简的设计打造出女性优雅的完美形象。设计者纪梵希曾先后进入包豪斯艺术学院和巴黎艺术大学进修。他的设计注重简洁、明快和舒适，在此基础上有一种高雅的气质。

2. 服装对奢华的追求

在希腊神话中，梅杜莎（Medusa）原来是个美女，因为和智慧女神雅典娜比美而被变成了一个女妖——她的头发是一条条的蛇，发尖是蛇的头，凡是与她的

图 3-25　简洁的"小黑礼服"打造出女性的优雅

双眼对视的人都会化为一尊石像。后来，"梅杜莎"一词代表了致命的吸引力，成为神秘魅力的象征，而享誉世界的意大利著名时装品牌范思哲就是以梅杜莎的头像作为品牌标识的。

范思哲的服装品有着和梅杜莎相同的特质：他们都有着一种神秘莫测的、烈焰燃烧般的、具有震慑力的美，这种美是一种充满生命感的张力，使你忍不住要多看几眼，而后就被它美艳的力量所"击中"。

范思哲的服装热烈、时尚、妩媚而充满女人味，色彩艳丽，用色浓烈大胆，以金、黑、红等色为主，花纹华丽繁复，具有浓郁的意大利风情。范思哲把古典贵族的奢美华贵和现代时尚的热烈性感紧密结合，他的设计风格非常鲜明：华丽、性感、奢华而充满活力。他的设计具有宝石般绚烂的色彩、与人体最为贴合的流畅线条、不对称斜裁的独特裁剪方式。这个品牌多采用色彩绚烂的华丽面料和斜裁的裁剪方式，强调突出女性的身体曲线和性别特征。

课后习题

一、名词解释

1. 魏晋风度

2. 面靥

3. TPO 原则

二、简答题

1. 如何理解“文质彬彬，然后君子”中所包含的服装理念?

2. 简述“青年思潮”对服装的影响。

3. 简述民族文化对服装设计的借鉴意义。

三、进阶思考题

举例说明文化、艺术、社会思潮与服装现象之间的关系。

基础理论——

服装形制与服装分类

课题名称： 服装形制与服装分类

课题内容： 服装与人体
服装形制划分

上课时数： 4课时

训练目的： 向学生介绍人体骨骼、关节、肌肉和脂肪的基本知识，明确服装设计与它们之间的关系，使学生较为深入地领会体形、肤色、性别、年龄相异对服装的要求不同这一理念；使学生了解人体异化的诸事项，并对服装的形制划分有一个简单的概念。

教学要求： 1. 使学生对服装与人体的关系有较为深刻的认识
2. 使学生了解古今服装与人体异化的诸事项
3. 使学生了解服装的形制划分

课前准备： 阅读关于艺用解剖学的书籍。

第四章　服装形制与服装分类

第一节　服装与人体

一、服装与人体的关系

（一）服装对人体结构的适应性

1. 骨骼

人体有206块骨头，分成颅骨、躯干骨和四肢骨三部分，组成了身体的支架。骨是人体坚硬的支架，它支撑住身体各部分的软组织，使人体得以具有一定的形态；骨是身体的运动器官，因为它是骨骼肌的主要统一物。

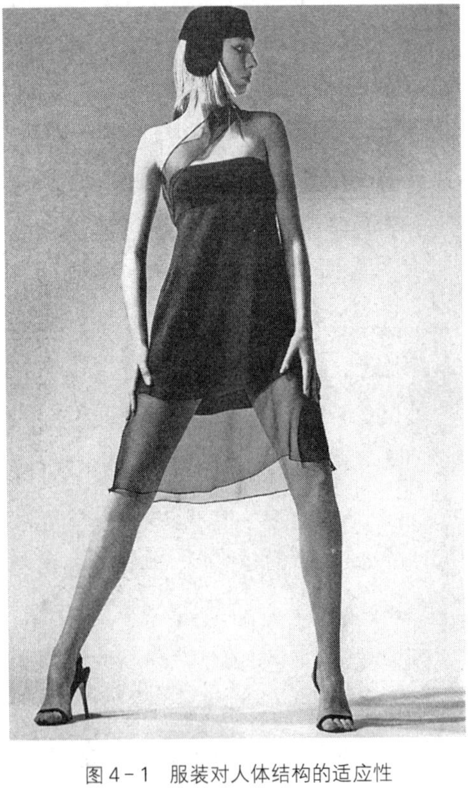

图4－1　服装对人体结构的适应性

人体的骨骼最直接决定了服装造型的模式。广义上说，人类无论居于何处，属于何种族，也无论男女老幼，其骨骼机构基本相同。这就决定了服装造型的基本形在全人类中大同小异。在服装的概念中人们也没有原则上的巨大差异。

表面上看，服装与骨骼并不发生直接关系。如果说人体是“衣服架子”的话，那么对衣架之中的骨架当然不容忽视了。而头部形体基本上是由硬组织构成，而且头部不存在关节，不能活动。所以服装欲穿在人的身上，首先要考虑把人的头部放在适当的位置上，上衣要挖领口，首服要适应头部的结构。就好像人们自古以来绝少使用方形碗喝水一样，人们制作服装时，一般也不会将首服的下端，即套在人头部的部分处理成方形。方形不易与圆形的头吻合，因此方形一直不在人们设计首服底沿时的考虑范围之中。此外，与头部有关的衣服和佩饰（耳环、鼻环、唇环等）都不能脱离头部骨结构的制约。

躯干占人体的最大部分。从解剖学骨骼结构的关系划分，躯干骨主要由脊柱和胸廓组成。对其细分有颈椎、胸椎、腰椎和胸骨、肋骨等。躯干呈扁形圆柱状。它的结构同样决定了服装必须与之适应。

骨结构中，除部分软骨外，一般是呈硬质，这就是说明了它的不可变性。服装要想适应人体结构，首先要考虑到骨结构，就此决定服装的基本造型。服装适应人体结构，正是从适应人体骨结构开始的。

2. *关节*

人体骨的连接方式有三种：不动连接、微动连接和活动连接。其中头颅骨边缘有锯齿，互相嵌合，便是不动连接；脊椎骨之间以软骨层（“椎间盘”）相连，成为脊柱，则是微动连接；活动连接就是关节。

人体的主要关节，在上肢有肩关节、肘关节、腕关节；下肢有髋关节、膝关节、踝关节；头部有下颌关节。由于各关节的关节面形状不同，所以不同的关节在运动的范围和方向上也不相同。

关节的存在，意味着活动，因此服装在人体关节部位，必须予以关注并采取有效措施。上衣考虑到肩部的造型、肘部的造型，下装考虑到髋关节、膝关节、踝关节等处的造型。这些对于服装符合人体结构来说，是相当重要的。

因为肩关节和肘关节向前屈伸，因此，设计合理的上衣肩、袖部要考虑到袖笼处，后片比前片宽，袖子的外侧片也要比内侧片宽。下肢髋关节向前屈伸，而膝关节则向后屈伸，这就使得下装中裤子的前后片也要相应调整，以不阻碍关节的正常运转。

关节可以活动，但关节的转动方位不会变，因此，全人类的服装造型在适应人体结构中关节部分时，造型设计的取向是一致的。

关节的存在，决定了服装的分部界限如上衣下裤，约束功能如腰带、袖口的紧束性，活动余地如肘、膝必须具有宽松性。这一点，既可以说是服装适应人的生理机制，也可以说是人的生理状态决定了服装造型。

图4-2 关节的存在意味着活动

3. 肌肉与脂肪

人体骨骼、关节之上附着着许多横纹肌。每块肌肉由很多肌束集合而成，每一肌束又由许多肌纤维组成。肌肉表面被结缔组织包裹，叫“肌外膜”，结缔组织伸入肌肉内包裹肌束，叫“肌束膜”，最后伸入束内包裹每根肌纤维，叫“肌内膜”。血管和神经沿肌外膜进入肌肉，又沿肌束膜分布到肌纤维，以调节肌肉紧张，使肌肉收缩，并保证肌肉的营养、代谢和发育。

脂肪，也称“真脂”、“中性脂肪”，由甘油和脂肪酸所构成的酯，在肌肉之外、皮肤以内，是生物体的储能物质。脂肪一般堆积在后背中间、上臂肱二头肌处，乳房处，腰、腹、臀、大腿等处。肌肉和脂肪的发育情况决定了人体形的胖、瘦，因此也直接关系到服装的造型。

人体结构的主架是骨骼，所以服装的造型要首先遵从于骨骼的位置；人体处于动态结构时，依靠的是关节，因此服装造型的合理在于适合关节转动：这些是服装的基本造型规律。至于服装的伸缩，如长度和宽度乃至直径等，都必须根据人体肌肉和脂肪量所决定。同时它还决定了服装形象的外观。因为服装不能直接包裹在骨骼之上，而要包裹在肌肉和脂肪之上。换句话说，人有什么样的肌肉表象，就会有什么样的服装形象。

肌肉、脂肪外又有肤色的不同，因而决定了人对服装色彩的选择。

（二）服装对人体体态的适应性

1. 因人类种族而异

对人类种族的研究，不能够脱离开对生物学和遗传学的研究。研究重点偏重于研究人类生物结构的体质人类学的研究课题之一，就是不同人种间的差异。所以，美国的威廉·A. 哈维兰教授在《当代人类学》一书中明确指出："虽然，我们是同一种属的成员，但在很多明显或不明显的方面彼此间有别。人种之间的不同不仅在于看得见的特征，如肤色、鼻形等方面，而且在其他如生物化学的因素诸如血型和我们对于某些疾病的感染性上。"

可以说，种群和个体的体质特征都取决于基因。对于任何一定的特征来说，在人类的因子池内都有各种不同的选择基因或等位基因。在眼睛的颜色、体形以及皮肤、肌肉等组织方面都可能会发现个体内部或个体之间的变异，表明具有一种丰富的、能在将来几代中组成新特征的潜力。

图 4-3　服装对人体的适应性因人的种族而异

(1) 体形与服装造型的关系

按照种族划分，人类可以大体分为三个人种，即欧罗巴人、蒙古人和尼格罗人。但从任何一特征来分，种族生理构造的区别都相当复杂，三大人种之外的各种人（或称混合类型）之间的差异也很多，包括外部差异和种族内差异，很难具体地、绝对地把人划分成若干个明确的部族。

各人种体形的特征以及与服装造型的关系可以在三大人种及其他人种中同时体现出来。

①欧罗巴人种体形特征与服装。在全球人种中，欧罗巴（或称高加索）人种约占43%，过去主要分布在欧洲、北非、西亚和北印度，16世纪后逐渐扩散到美洲、大洋洲和南非。

图4-4 欧洲人体形较为修长

欧罗巴人种的体形特征是，身材较高，一般身高相当于7～8个头的长度，男性则在7个半到8个半的长度。无论男性还是女性，一般都是肩相对宽，而髋部偏窄，以至于男性的背影，显示出明显的扇面形，女性也基本相同，只是比例略小一些。腿长是欧罗巴人种突出的体形特征，他们普遍来说身材颀长。

欧洲人在服装造型上的探索与成就，形成了适合欧罗巴人种的服装风格。欧洲古代的长筒袜和立体拖地撑箍裙，都是只有在长腿的欧罗巴人种体形上才显得适合生理特征。

大凡能够在一个种族中长期延续穿用的服装，一般都具有适合这一种族人的生理，特别是体形的特点，只有这样，才会使穿着者感觉舒适，观赏者感到悦目（视觉快感），从而得以存在和发展。欧洲人惯用的高领毛衣，就是因为适合欧罗巴人种的小头长颈的生理特征，而同样的高领穿在蒙古人种的中国人或日本人身上，远没有前者舒适、爽目。因此中国人和日本人的传统服装多是低领或平领，很少采用高领。

在欧罗巴人种中，不管是犹太人、吉普赛人，还是罗马人、日耳曼人，也无论是再细分为韦达人、阿伊努人、利比亚人，或是斯拉夫人等，都有一种较为接近的体形特征：腿长、腿骨正直，四肢丰腴且又结实，肚脐部位置很高，全身给人一种挺拔的感觉，包括男性或女性都是如此。虽然其中各细分人种的体形也不尽相同，具体到每一个人更有各种差别，可是共同的区别于蒙古人种和尼格罗人种的体形，使他们服装款式无不强调腰身，以外显的腰部扎束或佩饰和微遮的腰部强调形式，显示出这一人种服装的总体风格。

②蒙古人种体形特征与服装。蒙古人种约占全球人口的41%，主要分布在东亚、东南亚、西伯利亚和美洲。

蒙古人种的体形特征是身高中等。一般身高相当于6个半到7个半头的长度，男女性头与身比例相等。肩宽也属中等，男性较女性略宽。髋部则女性较之男性要宽得多。共同之处在于腿部的长度，较之欧罗巴人种和尼格罗人种都显得短，其中只有少数人腿长。在全身比例中，头部较之欧罗巴人种要大，但较之尼格罗人种却要小，基本上取中。蒙古人种的体形特点是敦厚、健壮、结实、均匀，只是较之欧罗巴人种体形整体来看，显得健壮而不够挺拔。

以服装历史较长的中国、日本、越南、朝鲜等国的蒙古人种来看，在不同的时期，他们都创造了适合这种形体的服装，如高髻、高冠（可以加高身材），比甲、和服（可以使身材显得修长），长而不阔的基本呈平整垂直状态的长袍、长衫和长裙等（可以使粗壮的身材显得飘逸），因而借服装构成了与人种体形特征相和谐的关系。

蒙古人种的男性不夸张双腿结构，女性也不强调过细的腰和过肥的臀，尤其不强调乳房，甚至要遮盖乳房的隆起。因此，蒙古人种中的所有服装都不是在烘托躯体的性别特征，如果说也要以区别于欧罗巴人种的方式来强调躯体自然的生理特征的话，就只能在铠甲、佩刀、相扑服和农夫短褐中去觅其踪影了。从各种有关人种体形的书中，中国女性的缠足和日本女性腰间的花带以及朝鲜女性胸前的飘带似乎成为有代表性的服装形象而给蒙古人种之外的学者们留下了深刻的印象。

除了中国人和日本人外，具有蒙古人种血统的还有鞑靼人、印度支那人和缅甸人等。当然，无论是欧洲人还是哪一个民族的人都承认，最纯正的蒙古人是中国人。再有，美洲的印第安人也属于蒙古人种。据历史学家考证，这些印第安人的祖先是在150万年前从亚洲越过白令海峡到达美洲大陆的，因此，虽然他们的文化与亚洲人有所区别，但就生理特征来看相同之处很多。就服装来看，与体形相和谐一点是无可怀疑的，只是印第安人由于长期生活闭塞，所以在服装与生理关系上，至欧洲人开发美洲新大陆前，一直处于原始阶段。

③尼格罗人种体形特征与服装。尼格罗人种约占全球人口的16%，主要分布在热带非洲、大洋洲、南亚及东南亚部分地区。16世纪以后，一部分尼格罗人被欧洲殖民者强运至美洲。

尼格罗人种的体形特征是，身高中等，一般身高相当于6个半到7个半头，男性有的接近欧罗巴人种，有7～8个头身长。尼格罗人种腿部结构较之于蒙古人种要长，只是头部较之蒙古人种和欧罗巴人都要大，这里说的是纯正的尼格罗人种。至于说几代混血以后的尼格罗人种虽说大部分特征还保留着原人种特征，但是头部已明显减小。尼格罗人种由于散居在各大洲，所以体形特征不像蒙古人种集中在亚洲、欧罗巴人种集中在欧美一样趋于一致，而是种族内体形差别就很大。比较集中的非洲，尼格罗人种女性体形有一点与其他人种不同之处，那就是脊柱弯曲大，以至从侧面看，臀部向后翘起，好像形成一个平台。为了保持平衡，腹部也前突。

尼格罗人种女性的乳房以大而长为美，最诱人的是下垂至前腹，这种体形特征导致了女性乳房美的标准走向极端。加之尼格罗人种大多集中在偏僻地区，对外交往相对闭塞，原始生活方式延续时间长，所以崇尚生育。这样一来，硕大的乳房更为人所注目，从人种进化角度看，美的标准影响到性对象的选择，进而影响到人种的体形特征。

（2）肤色与服装色彩的关系

全球各人种之间突出的区别，就是肤色不同，这一点不分男女。如果按三大人种的划分方法去看肤色差异，就会很清楚地看到：欧罗巴人种皮肤为白色，蒙古人种皮肤为黄色，尼格罗人种皮肤则为黑色。

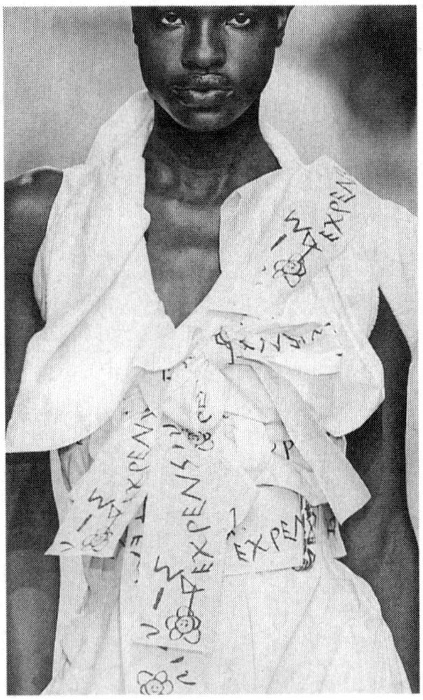

图 4-5　黑种人多选择白颜色的衣服

如果将三大人种的肤色区别再扩充和划分得详细一点的话，可以分为五种，即红（北美印第安人）、黄（蒙古人）、白（欧罗巴人）、棕（中东阿拉伯人）和黑（尼格罗人）。由于血统混杂以后表现在肤色上的混血生理现象比较明显且特殊，所以很难将肤色按人种划分得一清二楚。混血儿的肤色大多是深浅程度不同的各种褐色。

关于肤色划分的另一种理论是，除了黑、黄、白三大人种以外，澳洲土著人、巴布亚人和布依克人为褐种人；美洲人和大洋洲的人为红种人；阿卡人为黑褐色种人；爱斯基摩人为黄褐色种人；阿依努人和韦达人为白褐色种人等。当然，尽管这种划分方法比较详细、具体，但仍然无法概括出全人类的肤色种类。

肤色与服装色彩有直接关系。在人们选择服装颜色以尽量与其肤色相得益彰的探索中，我们可以看到两种运用色彩的构思：一是求强烈反差，二是求和谐、接近。

追求强烈反差的构思表现为，黑种人多选择白颜色的衣服，轻重和浓淡的大幅度对比固然是黑人选择白色衣服的一个原因，但同时还与他们生存的热带区域的气候条件有着密切的关系。与此相对，白种人则在庄重场合中选择黑色礼服，这一点抛却社会学因素外，与人们注意到自己皮肤颜色的深浅程度有着很大的关系。黄种人则偏爱蓝颜色的衣服，深蓝甚至藏蓝颜色的服装确实能使黄种人的皮肤颜色显得明亮。这表现为艺术领域的结果，实际上深刻地标志出人，或称着装者对服装与生理关系的认知、掌握和运用的全部现状以及具有的实力。

人在针对肤色去选择服装色彩的时候，并不完全要求强烈的反差的效果，有时也喜欢接近肤色的颜色，如白种人将白色列为最纯净的颜色，又如黑种人常穿上土褐色的服装，又如黄种人的中国，在古代相当长的一段时间内，将黄色奉为至高无上的君主独有的颜色。这些都说明了人在处理服装色彩与皮肤色的问题上，也存在着很大的灵活性，他们并没有在选择中采取绝对的排斥一方的态度，但是又确实在寻求一种服色与肤色的反差与和谐，文化本来是由于人的自身原因而形成的。

图 4－6　白种人将白色列为最纯净的颜色

人在对待服色与肤色的关系上，其严肃性显而易见。表面上看是从审美态度着眼的服色的选择，实质上反映着人在选择服装时的基于生理学的科学态度。

2. 因男女体形而异

男女性别的差异决定了体形的差异，而体形的差别就决定了男女服装形象的不同。

（1）男性体形与服装

相对于女性体形而言，男性体形一般具有肩宽的特点，由长度来观察，男性体形由于胸部体积较大，因而显得腰部以上较为发达。

人体的外形，主要由骨骼所决定，男性的骨骼，一般较之于女性显得粗壮而突兀。另外，男性的骨盆窄而高，因此臀部较小。体格健壮的男性，通常是肌肉发达，肌肉多形成短而隆凸的块状，因此，男性不仅躯干、四肢显得健壮，面部结构看起来也相对结实，棱角分明。

在同一种族、同一年龄段的体形比较中可以清楚地看到，男性身高通常比女性要高，头部在全身所占的比例也相对小。腰部轮廓在全身体形轮廓中不突出。除此之外，额头、喉结明显，手、脚等粗大也属于男性体形特征之内。

如果详细分析男性体形与服装，可以区分出男性中的不同体形，这些体形都需要以相应的服装来调整，或突出或掩饰。一般可以分为四类。

图4-7　与女性相比，男性的肩部较宽

①强壮型：体格魁梧健壮，骨骼粗大，胸部发达，腹长，腿长。这种体形的男性着装者，应该以自然的构思去设计和选择服装，以使服装衬托出体形美。

②中间型：体格一般，骨骼粗细中等，胸、腹长度也属中等。这种体形的男性着装者，不应满足于本身所具有的体形原生态，而应该以服装去强调男性的健壮，从而显得男子汉气质更强。

③肥胖型：体格一般，骨骼粗细中等，肌肉不明显，腹部突出而脂肪堆积较多。这种体形的男性着装者如果着装不当，必然增强了臃肿的形象。所以要注意服装肩部及胸部造型的宽厚，尽量避免过于肥的服装对体形的夸大，可以在合体的服装基础上稍加一些修饰来弱化其过于丰满的体格。

④瘦弱型：体格瘦弱，体重轻，骨骼纤细，胸长而窄，腹短。这一类体形的男性着装者，应该尽可能使服装起到增强男性气质的修饰作用。以夸张肩部和垫厚胸部的男上衣衬托出男性的魁梧；以笔挺、顺直、平整的男下装夸张其男性的阳刚气。

虽然说服装在塑造人物形象时不是万能的，但是，充分认识到人体不同体形后进行设计的服装，在塑造性别体形特征上往往可以强化优长处，减弱或遮掩缺陷点，取得事半功倍的效果。

（2）女性体形与服装

女性体形与男性体形的区别主要表现在躯干部。男性躯干宽度在肩，女性宽度则在臀。男性由于胸部体积较大，因而腰以上发达，女性则由于臀部较阔而高耸，显示腰部以下较为发达。另外，女性的骨骼不像男性那样粗壮而突出，骨盆阔而低，加之不甚发达的肌肉和较为发达的肌肤，因而体形同体特征和各局部特征都显得光滑浑圆。

不仅躯干、四肢柔美圆润，头颈部也具有与男性明显不同的生理特征，如喉结不明显，面部结构基本不见棱角等，也在相对于男性的“方”来讲，显示出女性的“圆”的特征。

各人种、各体形的女性乳房形状不一，但无论形状如何，女性服装总要考虑到对乳房的承托关系。在以高翘乳房为美的欧洲人和全球大部分现代人中，多是以乳罩托起乳房，防止下垂。以硕大下垂乳房为美的非洲人，则以服装的轻微遮掩和索性暴露上身来显示其美；亚洲人在漫长的数千年来，多以平胸为美，因而服装的设计就要免去这一生理特征的显露。

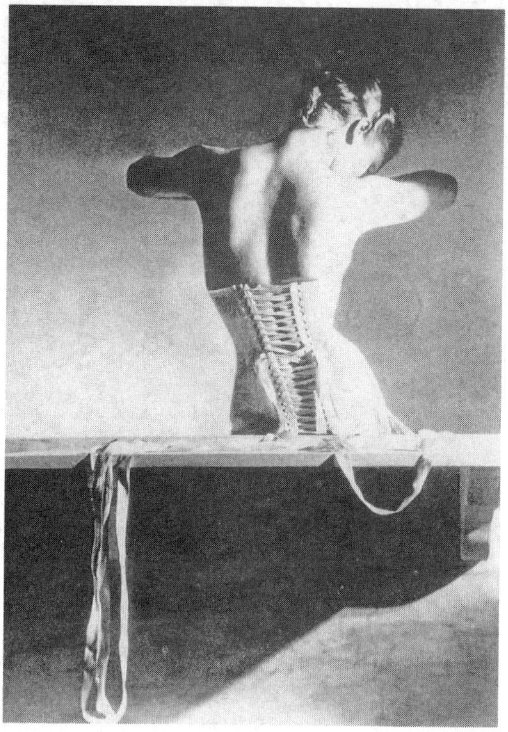

图 4－8　1939 年的内衣广告突出了女性特有的曲线

女性由于乳房高耸和臀部骨盆较宽，腹、臀部脂肪发达，因而显得腰部较为纤细。服装也就依女性体形而多在腰部束带，以强调其体形轮廓的节奏。同时，下装，无论是裙装还是裤，也正因为腰细而得以系扎，因而女服设计中既要考虑体形特征又考虑穿着实用的结果，就是不放松服装在腰部的修饰。

当然，女性的体形并非一致，也有类同于男性的不同体形的划分，即强壮型、中间型、肥胖型和瘦弱型的形体特征，但针对女性体形的特点可以划分得更细一些。

①匀称型：骨骼适中，头与身高比例适度，颈略长，乳房高，腰细，臀略阔，腹平，四肢修长。这一类体形女性着装者，只要不以服装掩盖其优点，就可以较容易地创造合理且完美的服装形象。

图 4－9　女性服装在腰部的修饰

②强壮型：身高而健壮，脂肪量较少但较一般女性为多，肩宽、腿长、乳房不突出，腰与髋部的对比也不明显。这一类体形的女性着装者，体形有些接近男性，着男装可以显得秀美之中带几许潇洒，着女性化较强的服装时不宜作娇小玲珑之态。

③丰满型：身材中等，脂肪堆积层较厚，但堆积部位均匀。即整体类似于匀称形，只是较之匀称体形来讲轮廓扩出一圈。这种体形的着装者，如果能正确掌握自己体形的长处与短处，即选择适合生理特征的服装，就可以穿出风采来。

④肥胖型：骨骼正常，只是脂肪堆积过厚，由于脂肪堆积面最大的在胸、背、腰、腹、大腿上侧，以及小面积的在两颊、颈项和肩部。所以肥胖体形的人多形成两头小、中间丰肥的体形特征。这类体形的着装者服装造型宜简练、规整，服装色彩以暗色为宜，佩饰少而精，可以弥补不足。

⑤局部肥胖型：女性的脂肪不一定都像前两类体形那样堆积均匀。生活中常见的体形呈局部肥胖的类型，如腰以上都非常匀称，肩部和胸部的宽、厚度恰到好处，但腹部隆起，显得不那么协调；或是腰以上也非常匀称，但腰以下的脂肪主要集中在臀部和大腿上端；或是双腿较为苗条匀称而胸、腹部脂肪堆积情况较为突出，等等。这些局部肥胖的女性在穿衣上要突出自己的优势、掩盖肥胖的部位。

图 4－10 瘦弱型的女性一般脂肪少，肌肉也不发达

⑥瘦弱型：一般来讲，女性体形过于瘦弱者，女性的性征较差，如脂肪少，肌肉也不发达，胸部平平，乳房也较为瘦小。腰围虽不粗，但由于乳房和腹、臀部都不丰满，故而也显不出腰部特征的存在。一般腿部也缺少脂肪，比较瘦弱。这一类女性着装者既不宜穿宽大的服装，也不适合穿紧身的服装，这两种服装都会突出女性过于瘦弱的体形特征。因此，略微宽松的衣衫和一些小面积的、适当的装饰会取得良好的效果。

由于各时各地对女性体形的审视标准不同，以上只是按一般规律而谈的。需要说明的是，服装必须适应人体体态，这是对熟悉、分析体形所提出的一般要求。

3. 因成长进程而异

一个着装者，无论属于哪一个人种，也不管是男性还是女性，都不会总体留在一个年龄段上。人在从胚胎至离开人世的历程中，人的生理特征也一直都在变化着，因而作为伴随人成长的服装，责无旁贷地因着装者的成长进程而变化。

从人体各个不同时期体形、体态和全身比例的变化来看，人之初生到衰老，体形和骨骼、肌肉、脂肪等生理特征，都会发生一系列的演变。了解这些人体医学科学的基本知识，才有可能使服装更成功地适应人体体态，从而达到服装生理学的高度。

按生长规律来讲，初生儿的头部与全身的长度及躯干的宽度比较都是最大的，几乎身高只相当于 4 个头的长度。婴幼儿的体形特征是头大、躯干长、四肢短。骨骼的隆起不明显，因脂肪丰腴，外形圆润，骨点往往成凹陷状，关节处皮肤有明显的褶线。

青少年处于生长发育的旺盛时期，头部在身高的比例中所占位置越来越小，四肢逐渐增长，骨骼的隆起还不如成年人显著，肌肉形态较细瘦。青年的身长已接近成年，身体各部分的长度比例与成年人相仿，主要是身体的宽度还不及成年人，肩膀还比较狭窄，肌肉尚未充分发育，女性的脂肪也不丰满。一般是先长身高，再长体宽，后来肌肉渐渐丰满壮实起来。

男女少年进入青春期以后，性特征日益明显，男性喉结突起，声音变粗、低沉，肌肉发达，面毛、体毛、腋毛增加。女性乳头隆起，乳房增大，骨盆横径加宽，腋毛和体毛生长，皮下脂肪增厚，男女体形已有显著区别。

步入中年以后，腰围明显变粗，因为体内新陈代谢趋缓，男女都有脂肪增加的趋势。脂肪堆积部分集中在腰、腹或臀部。一般在 30～35 岁时为一个人的身高最高期；35～50 岁，胸围、腰围逐渐增加，身高却有回降趋势。

进入老年以后，由于骨骼间距、骨质体和肌肉有收缩现象，加之脊椎骨不如青少年那样挺直，颈椎骨也不如原先有力，所以，从外表看比本人青壮年时要矮一些。不明显肥胖的人腰围比自己青壮年时还要细，因而显得头部所占全身比例又增大了。

二、服装与人体异化

由于种种原因，人往往以符合社会标准的服装形象，来对自然的人的躯体进行人为塑造。所有经过人为塑造的躯体，在实施者以及所联系的群体眼中，无疑是美的。正是因为这种美，这种对美的赞赏使人对躯体的加工一步步走向极端。

人类这种自我异化行为从古代直到如今，从未停歇过。某些原来被认为是野蛮人的装饰手段的美容行为，今日又被高度发展的文明人重新拾起。好在对于人工塑造躯体的做法，并不是人人都持狂热态度的，现代人中大部分提倡不损伤自然美，而且极力反对在人躯体上进行雕琢。

古往今来，在对人躯体进行人为塑造的范围中，有各种各样的做法。如果按这些行为出现的年代来划分的话，较为原始的或称较为古代的做法有穿鼻、穿唇、环颈、扁头等，这些行为如今仍存在于处于原始生活方式的部落中。较为后期的或称现代做法有文眉、文眼线、文唇线、隆胸、抽脂肪等，现代人统称其为美容术。

（一）人为塑造躯体的行为

古代和现代人在人为塑造躯体的过程中，有相似之处，便是甘心忍受痛苦。人们或许认为这种行为本身就说明了人的不安于现状和不为自然所支配，当然，其结果是破坏了自然。

这里所谈到的古代和现代，并不是以起止年代来划分——有些古代开始实施的方法，至今仍然存在着，如穿耳；有些只是在古代发生，而且带有古代特定性质，如缠足。至于所说的现代，是指具有现代性质的人体绘画等。与原始人的涂身装饰行为相比，现代的人体绘画在构图、造型、设色上与前者完全不同。这样看来，古代与现代之分，不仅依据发生的年代，而且也根据装饰性来决定。起始于古代，现代仍在延续的可称为原始性；发起于现代，带有原始性质的，可称为继原始性；纯属现代发起，古代人未见实施的可称为现代性。

这些都属于人根据社会美的标准，人为地进行自身躯体的服装形象塑造的异化行为。

1. 原始性人为塑造躯体的行为

（1）髡发

剪短头发并不算对人躯体的人为塑造，或者说还不能属于损伤躯体，可是，剃去一部分或全部头发，就应该说是对躯体的形象塑造了。

古代中国中原一带汉族人，视头发为生命的组成部分，一生都不敢毁伤。因此，给罪犯剃光头发或剃去一部分头发，就叫做“髡刑”。中国西北和东北的契丹族、女真族人有剃去一部分头发的习俗，人们视此为正常。

居住在中国云南双江县境内的乡村里的拉祜族妇女，有一种与其他民族妇女不同的风俗习惯，就是剃光头。最初她们剃头是为了避免打猎时被野兽抓住头发；到了今天，她们觉得剃光头干净卫生，所以还保持了这种习俗。为了清洁易洗，印度的邦多妇女也是终身把头发剃光。

（2）拔眉、画眉

将自然眉形有意改变，首先需要拔取原来的真眉毛，这样才可能随意改形。中国唐代妇女极尽修眉之能事，把眉毛画成各种各样，仅唐玄宗一次就令画工画出十眉图。

位于南美洲西北部的哥伦比亚地区，有一个婆巴族。这个民族崇拜月亮，因此用一种颜色把两条眉毛连起来，并且画成倒挂的弯月形。

（3）穿鼻

穿鼻挂饰，虽说不算普通，但是在少数民族中一直非常盛行。有的是从鼻翼处穿孔，有的则是从鼻梁骨正中，即鼻中膈穿孔。

印度人认为首饰比衣服重要，所以已婚妇女多在鼻翼上穿孔，以佩戴鼻环。位于非洲的尼日利亚乡下人中，妇女也以穿鼻环为装饰。位于美洲的米兰尼西亚有些部落中，讲究穿鼻挂饰。他们把鼻中膈穿孔后，挂上用椰子壳、珍珠贝或鳖甲制成的环或其他装饰物。其他如巴布亚新几内亚的高地人和坦桑尼亚北部山区的帕雷族妇女也都有穿鼻饰的习惯。

（4）穿唇、染唇和画唇

东部非洲坦桑尼亚东南沿海和莫桑比克东北部边境地区，居住着玛孔德人，这个民族的妇女喜欢在鼻唇间的人中沟处穿一个孔，以装饰唇。这种唇饰通常是一根轻小的圆木棍或是动物骨头。由于木棍、骨头的坠力作用，经过一段时间后，上唇渐渐被拉得宽阔，使整个面部改变了原来的形状。

非洲莫桑比克境内的马科洛洛人，女子也讲究嘴唇上的装饰，要在嘴唇上穿1～2个孔眼，挂上金属环。

（5）凿齿、锉齿、染齿与雕花齿套

牙齿的颜色基本上是白的。中国古人常以“皓齿”来形容美女牙齿的洁白。然而，世界各民族并不都是以牙齿本身的自然美为美，从而导致了他们在牙齿上大动刀斧。

西南太平洋群岛上居住着美拉尼西亚人，他们的社会制度是等级制。妇女要想晋升到“埃林加”——妇女社会等级中的第四级，就必须在仪式上让她们的丈夫或是男亲属敲掉一颗牙齿。

老挝卡族人的一个分支讲究在小时候就用铁锉把牙齿锉齐以为美观。同样，印度尼西亚巴厘岛上的居民认为突出的牙齿（尤其是犬齿）象征兽性，必须将之锉齐，否则来世只能变成狗。

越南人自古就有染齿的习俗，他们的理由很奇特——认为牙齿洁白是品质不良或作风不正派的标志。除此之外，泰国的克木人和中国的基诺人也喜欢黑牙，他们用咀嚼槟榔和以树胶染牙的方法使牙齿油黑发亮，经久不褪。

另外还有不染牙而染牙龈的做法，马里妇女就热衷于这种修饰方法。

（6）文面、涂面

文面，即指人以针或刀在面部上刺出花纹或刻出花纹。“文面”非“纹面”，它意味着刺出花纹属于具文化含义的文化现象，而不仅仅是指表面上的花纹。

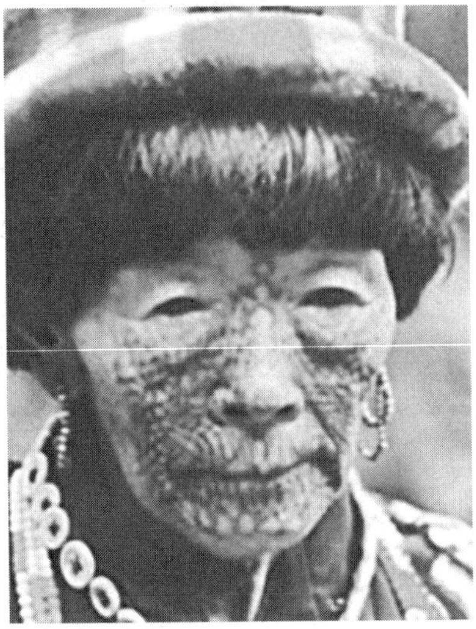

图4-11　中国文面妇女

撒哈拉大沙漠以南的非洲人，非常讲究文面，其中苏丹南部最具代表性。他们认为脸上刺花既是勇敢的象征，又是美的标志，同时还可以表明所属部落、社会地位和婚姻状况等。凡是一个地区内的各部落人见面，即使互不相识，只要一看对方面部的花纹，就可以基本了解这个人的大致情况。

生活在北寒带地区的爱斯基摩妇女也有文身的习惯。在面部、胸部、手臂和大腿部位之中，尤以面部文刺最为讲究。

缅甸妇女讲究涂面，她们常在面颊上涂一小块黄色，有的还把这块黄色勾描成别致的花纹。缅甸人将这种化妆品称作“达那卡”。人们使用香木在小石磨上加水研磨出来的黄色浆汁，用它涂抹面部，不仅可以改变形象，还有凉爽、幽香之感。

除了以上六种以外，原始人为塑造躯体的行为还包括穿耳、环颈、刺指甲、染指甲，束腰、环腿、文身、瘢痕、涂身，缠足等，因篇幅所限，这里不再一一列举。

2. 继原始性人为塑造躯体的行为

在人的自我异化中，我们这里是将发起于现代，又带有原始性质的，称为继原始性人为塑造躯体之列。

现代人文牙、文身、在身体上打洞以及在人躯体肌肤上绘画等，都是由现代文明社会中的人所兴起的。原始社会生活方式虽然已离现代人而远去，但这些人体装饰却明显带有原始的性质。

（1）文牙

现代人文牙的题材和做法十分广泛，甚至在社会上层内也颇受青睐。有人把前辈偶像的名字或是自己心上人名字的英文缩写字母刻在假牙上，更有人把蝴蝶、心形的图案刻在牙上。

雕刻牙套的做法与在假牙上雕刻花纹的做法在现代社会中并行，且多次形成风尚。

（2）文身

在人类文明的演化中，对身体装饰手段中的文身流传时间最长，且流传的地区也最广。近年来，文身在现代社会中又有兴起的趋势，甚至文身成癖。

现代文身的动机却大相径庭，现代人没有原始人那样的神圣念头，虽说也在忍受痛苦，但相当程度上是为了标新立异，为了寻求刺激，而不是像原始人那样为了区别部落，或为了取悦鬼神。

（3）穿洞

在美国洛杉矶，一些标榜“新原始主义”的团体，聚集在“法克俱乐部”，疯狂地表演自残，他们尽量在身体上穿洞，然后在每一个洞上垂挂金属环。一开始先是穿耳洞，随后便流行在舌头上穿洞，有人一穿就是五六个，然后是在腋下，最时髦的是在全身最隐蔽的部位。

这种自残的行为是现代人用来打破工作紧张、生活优越和内心空虚的一种发泄方法。

全身穿洞是现代人将原始人穿孔佩戴耳饰、鼻饰、唇饰的做法进一步推向极端。其损伤身体的行为比原始人有过之而无不及。

（4）人体绘画

人体绘画也许从原理上说与原始人涂抹身体有些近似之处，可是，现代人的人体绘画已经被标榜为纯艺术了。这样看来，那些出于普通人或匠人之手的以颜料涂抹身体的行为已是望尘莫及了。德国人阿贝斯特甚至在巴西的里约热内卢开设了一所人体绘画学校，该校拥有模特 50 人，阿贝斯特每天在她们身上画上悦目的图案，如蝴蝶、香蕉、苹果等，然后将其派到特约的百货公司协助推销商品，曾轰动一时。

原始人在身体上涂抹颜料，一般是为了避免蚊蝇的叮咬和烈日的暴晒；有些有意画成图案也基本上是基于神圣的、单纯的，甚至带着浓浓孩童心理的幼稚做法。其动机与现代人的人体绘画有着本质的区别。

3. 现代性人为塑造躯体的行为

现代性人为塑造躯体的行为与结果，有自己的独特风貌。它起始于现代社会，而且往往是当认为人的躯体有所遗憾时，才产生了人为塑造的构思，并付诸行动。原始人为塑造中传统因素起到了关键的作用；继原始性人为塑造中个人意识起到了关键作用；但是现代性人为塑造中，却是由于社会交往、社会审美标准所引发的。

（1）现代美容修饰

现代美容术可以说是对造物主的挑战。随着人的自主意识的逐年增加，人类越来越感到造物主创造人类的不完美，因此，为了追寻心目中的完美形象，现代美容术诞生了。

在现代美容术中，从头到脚的常设项目有：重睑（俗称双眼皮），眼袋切除，眼、额、面部去皱，隆鼻，脸型改造，耳廓修复，人造酒窝，修唇，文眉、眼、唇，吸脂、隆胸、缩乳等。

（2）垫脚增高

当人们觉得自己的身高达不到一定的标准时，就想方设法人为地增高。在这种需求下，电子增高器、增高仪、药物增高法等引起了人们的极大兴趣。无论结果如何，人们都愿意去进行一次尝试。

自然与人为像一对永远矛盾着的双生儿，而人们就在其间摇摆。随着社会的进步我们看到一个事实，那就是越来越多的人义无反顾地抛弃自然，牺牲自然而去靠近社会美。

人的自我异化——改变躯体，本身就是社会对自然的挑战与抗衡，这是迄今为止的人的一种观念。任何有意的导引和有意的阻止都无济于事，人总是力求重塑一个“我”。

（二）放任自我躯体的行为

事物的发展不是单一、直线的，当人们频频地、不厌其烦地在人体上精雕细刻时，人们也不断地呼吁解放躯体。

图 4－12　16 世纪的紧身内衣束缚女性胸腰部

解放躯体的含义是使躯体从繁琐的、紧固的服装束缚中挣脱出来，因而也就与自残行为形成了强烈的反差。

1. **新女性曾放开腰肢**

20 世纪初，西方的妇女们开始从传统的束缚中解放出来，她们可以旅行、骑马、打球、游泳，并在社会上从事各种职业。生活方式的改变使她们迫切地希望摒弃收紧腰部的紧身胸衣。

1900 年，法国妇女萨鲁特创造了保障女性生理正常发育的胸衣，这种胸衣被称为“健康胸衣”。随后，设计师夏奈尔设计了无领对襟毛衫与裙子的套装，开始将女性的腰肢恢复到正常发育的苗条状态。

1914 年，第一次世界大战爆发，战争使妇女的服装朝着方便、适体和便于活动的方向发展，于是曳地的女裙开始缩短。1918 年后，女裙又进一步缩短，大概到小腿的位置。而到了 1925 年，裙长甚至缩短到膝盖处，“S”形的曲线也不被强调了，再也没有弯曲的线条了，筒子型的女装较为彻底地解放了女人的腰部。

2. **女兵提倡不裹双足**

19 世纪末期，太平天国推出的一系列改革措施中，有一项是反对缠足的，并首先从太平天国的女兵中开始实行。到了 20 世纪初，大城市的妇女开始出现不缠足的倾向。民间对于这种放脚的倾向是逐渐认可的，当然这也是大势所趋的必然。战争、贫困以及新思想的传播，作为一股合力动摇了千年的陋习。一时间，天足不再遭受歧视，而被看作是文明的象征。那些缠裹半途而废的脚，就被人们称为“半缠足”或是“改良脚”。

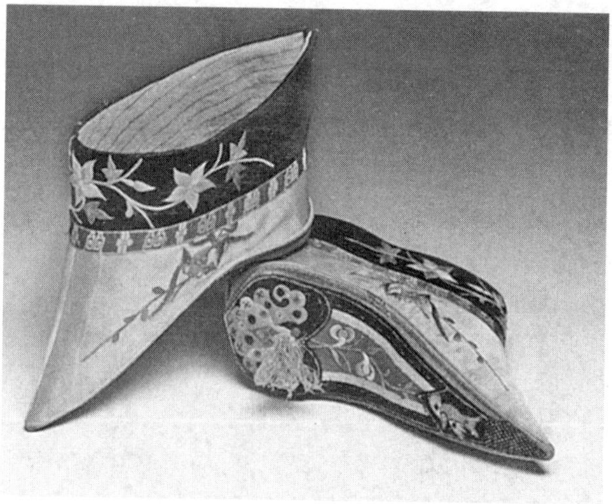

图 4-13　中国三寸金莲

图 4-14　中国缠足妇女

3. 革命女性不戴首饰

20 世纪 30 年代，中国的未婚女性，特别是女学生开始摒弃一些旧有的装饰手法，剪短头发，不梳长辫，任乌黑发亮的头发随风飘散；不穿耳孔，不戴耳饰，不戴戒指和手镯，并将它们视为束缚女性的“刑具”。

新一代女性还放弃奢华的衣料与绣花鞋，代之以阴丹士林蓝布（深蓝）或毛蓝布（浅蓝）的改良旗袍，穿着黑偏带布鞋，形成一种崭新的风尚。

4. 新派人去除文身

多年以来，由于非洲、美洲以及澳洲、太平洋岛屿的土著居民与外界接触较少，致使他们还在长时期内保持着穿鼻、穿唇、环颈、环腿、文身、涂身等带有原始性的习俗。可是，一旦与外界接触，新旧社会文化就会发生碰撞，少男少女们把眼光转向了发达国家的物质文明与文化。于是，他们认为忍受皮肉之苦在人体上雕刻是不值得的。

第二次世界大战期间，美洲的黑人士兵每到一处，就纷纷要求那里的医生设法去掉身上的刺纹；越南士兵则不惜重金请牙医磨掉那些曾费力染黑的牙齿。

这种以不同形式出现的“新派装”，关键就是免除一切人为的对身体的伤害。“新派装”代表着文明，代表着人对自然、对生理的理解认识程度的提高。

5. 现代人推崇“无结构”

继 20 世纪 40 年代，设计师巴尔曼（Pierre Blamain）倡导女装简洁、适体、有空间感和立体感的表现形式。他为自己设定的终身任务是：“使妇女们能舒适地生活，使她们成为美丽、优雅、有魅力、有良好教养的女性，而远离那些虚浮、矫揉造作的样式。”他还说，女装要有“自然的、符合形体的线条”。

到了 20 世纪 70 年代，“无结构形式”的服装引起了人们的关注。它完全打破了过去的常规，更彻底地建立在真正的简练和朴素上。

所谓无结构形式的风格在于：真正的简练，没有任何人为的、勉强的、不自然的装饰；大胆而明快的样式，丝毫没有堆砌和繁复。最突出的一点，即是保障人身体的绝对不受束缚，给人体以最大限度的自由与舒适。

第二节　服装形制划分

服装成形以后，经过一段时期的广泛检验，由于优胜劣汰，一些符合着装者意愿和实际生产、生活需要的服装被筛选出来。这些服装相对稳定地传承下来，便产生了服装的形制。

上衣下裳、上衣下裤、整合式长衣和围裹式长衣等，都是自然产生并被公认的最典型的服装款式，连同佩饰及配套穿着方式，都被作为服装惯制而肯定下来，从而决定着服装基本风格的确立与演化。

一、上衣下裳

上衣下裳，不同于上下分装的概念。只能说，它隶属于上下分装的范畴。上身为衣，下身为裙，是服装定形后一种不可分的着装组构，是形成惯制初期的定型服式。

在中国，许多古籍中记载黄帝时人们就已经穿上衣裳。内容最早涉及商周时期的《易经》，在《系辞·下》里就说："黄帝、尧、舜垂衣裳而天下治。"因此将上衣下裳奉为古制。周代的帝王服装形象也是上衣下裳。汉代班固在总结古今经学的《白虎通义》一书中解释衣裳，说："衣者隐也，裳者障也，所以隐形自障蔽也。"《释名·释衣服》中说："上曰衣，衣，依也，人所依以庇寒暑也；下曰裳，裳，障也，所以自障蔽也。"从这一时代中国中原汉族以及边远少数民族的艺术品上看，其服装配套形式，有不少是上衣下裳的。上衣下裳在服装定制时期，已经成为成熟的整体配套服装。

二、上衣下裤

上衣下裤，也是自古延续至今的一种着装形式，它作为服装形制中的典型，自确立以来，不断改进，变幻出多种款式、色彩，但是千变万化不离其宗。

在服装研究的历程中，人们曾将上衣下裤大规模穿着的功劳，归功于波斯人的裁剪和制作工艺。无论其确切情况如何，在服装定制时代中，上衣下裤确实已经成为一种固定的模式，被纳入到服装形制之中。可以这样说，上衣下裤的形制之所以成为惯制中的典型，主要是因为它确实比裙子要适于大幅度动作。裤子几乎无一例外地起源于游牧地区，而它得到迅速推广，又无不在战争年代。很多原来以上衣下裙为服装的人民，往往出于实战的需要而穿上了裤子。裤子能使下肢分开骑在马上，因此对马上民族的活动来说，无疑是十分便利的。

中国早期服装中曾有过裤子，《说文》中解释为"绔，胫衣也"，或是用"两腿各跨别也"的说法。这些都说明，裤子已不同于裙那样将双腿共同穿在一个圆筒之内，而且还点名是"胫衣"，即裤子属于腿部的装束，其意明显是不管腹部和臀部的，其造型类同于今日的套裤。

秦汉之际，上衣下裤已经形成惯制（以前“衣分两胫”而无裆形式谓之“袴”，合裆才称为“裈”，即如同后代的裤）。只不过，单独穿上衣下裤的多为武士和重体力劳动者，文人官员总要在穿裤以后，外面照旧穿上齐踝或拖地的长袍。

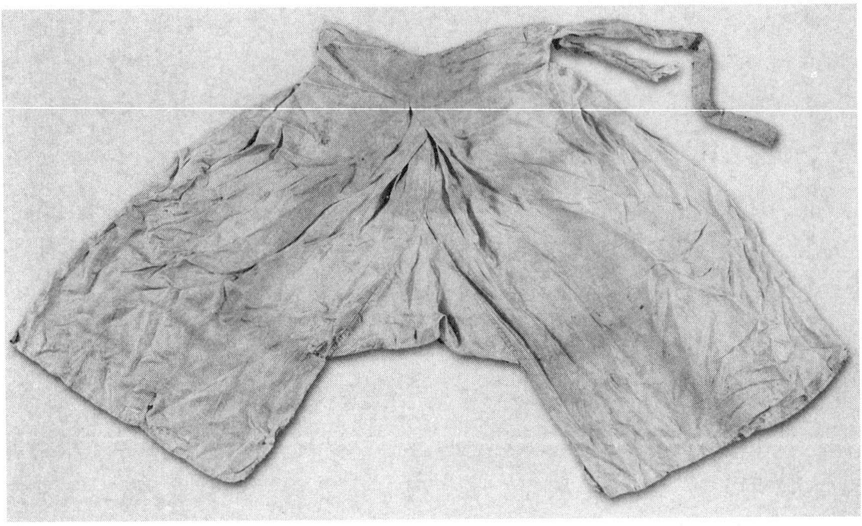

图 4－15　南宋合裆裤（周瑀墓出土）

图 4－16　南北朝穿裤褶男子俑

图 4－17　南宋开裆裤（黄昇墓出土）

上衣下裤的形式在历史上一经被普遍穿用，便与上衣下裳一起作为固定模式，也就是成为固定的形制了。

三、整合式长衣

所谓整合式长衣，可泛指所有披挂在双肩，然后以近似筒状形式垂及下肢部位的长衣。它以符合人体形状的造型，构成整体合成式衣装，基本上适体。这种服装成为固定模式后，也在服装定制时期中成为惯制中的典型，一直沿用至今。

整合式长衣，既区别于上衣下裳或上衣下裤分装式，又区别于一条长布围裹身体的缠绕式。整合长衣中也有两种不完全相同的倾向：一种是基本与开襟上衣款式相同，即有肩、有袖、有领、开襟，只是比一般上衣要长；再一种是基本与贯口形式相似，无论以超出贯口式多长多宽的布料做成，然后再如何以腰带和饰件固定成何种式样，但都有一个十分明显的特点，就是大致适体。这两种相比，后一种不及前一种完整，它所构成的整体服装效果介乎在整合式长衣与围裹式长衣之间。

整合式长衣自成为惯制中典型服装以来，始终被后代继承并不断改进。

（一）开襟式整合长衣

在整合式长衣中，开襟式当然与不开襟的有明显区别。然而，开襟式中又有多种样式，如斗篷、深衣、袍服等，它们除斗篷无袖外，基本上大同小异，都保持着开襟式整合上衣的特点。

1. 斗篷

斗篷是开襟式整合长衣中制作起来最为方便的，这是因为它轮廓线简单，不必裁缝衣袖。尽管这样，它仍然是基本符合人体形的一种，它不等于一块披在身上的大方巾。

2. 深衣

深衣之所以名之为“深”，主要因为人们认为这是将上衣下裳连起来，将身体深深地遮挡住的衣服。中国古籍《五经正义》中记：“此深衣衣裳相连，被体深邃。”《礼记·深衣》中记：“古者深衣盖有制度，以应规矩，绳权衡。短毋见肤，长毋被土。续衽钩边，要缝半下。袼之高下可以运肘，袂之长短反诎之及肘。”深衣属于开襟式整合长衣，但在裁剪时却是上下分裁而后缝在一起的。所以上半部合体，下半部宽广，这样以保证举足迈步。《礼记·深衣》中亦载：“名曰深衣者，谓连衣裳而纯之采者。”

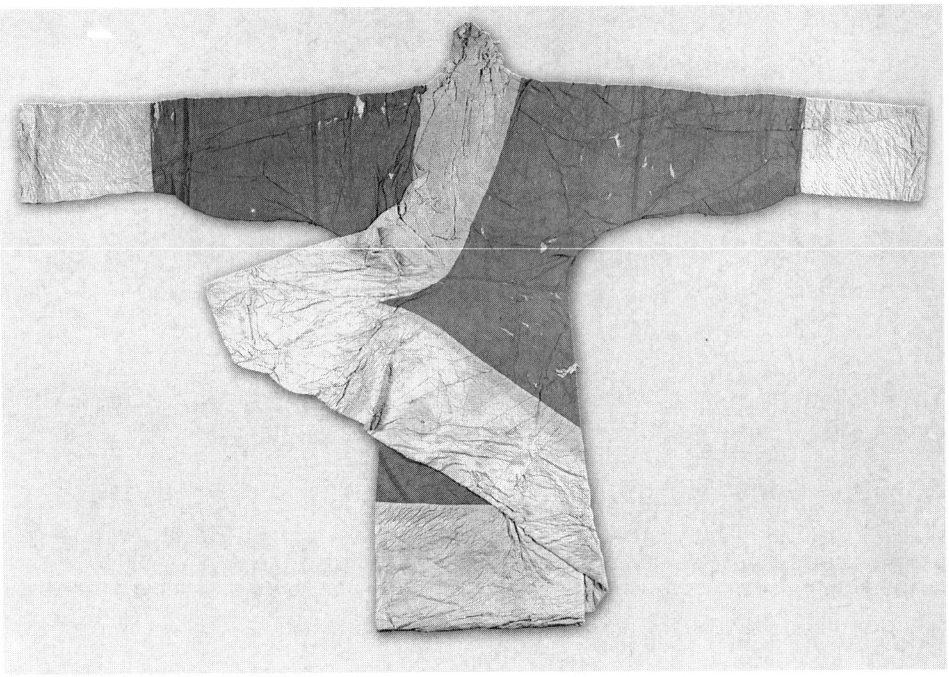

图 4－18　西汉深衣（马王堆汉墓出土）

图 4－19　穿着深衣的汉代木俑

古来对深衣的形制虽说不一，但可以肯定的是，深衣属整合式长衣，同时在战国时代乃至汉代初年不分男女，穿着十分广泛。

3. 袍服

袍服与深衣有许多相近的地方，但是相比之下，袍服在时代和区域上影响更为深远。人们在称谓宽大、直筒、带袖的长衣时，都可以用“袍”来概括。

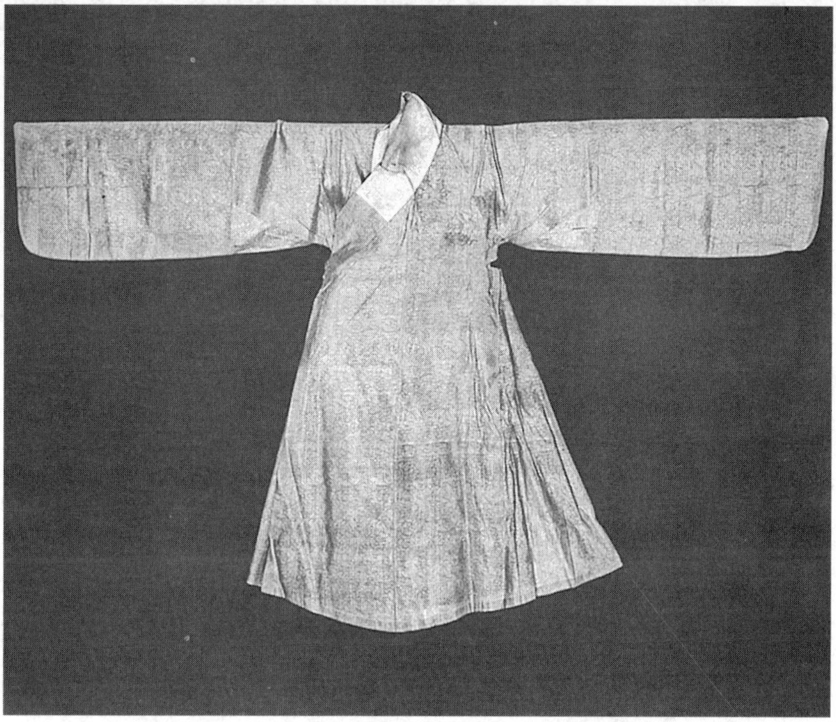

图 4-20　明代袍服

图 4-21　明代沈周夫妇着袍服像

在中国，袍服是对深衣的一种修正。战国以前，古人的裤子只有裤管，为了遮住腹臀部，有时还需要再套上一条裙子。如果外衣采用直开襟，势必在走动时露出内裤或内裙，这样显得不够雅观。在深衣流行时期，曾有一种不绕襟而采取直裾的衣服名叫襜褕，就因为取直开襟，因而有“衣襜褕入宫，不敬”的说法（《史记·魏其武安侯列传》）。

（二）不开襟式整合长衣

整合长衣中不开襟式的，类同于服装成形中所谈到的贯口式。当然，服装定制时代已经成熟起来的不开襟式整合长衣，已非旧时的贯口衫可比了。

古希腊民族是一个性格豪爽、开朗而又浪漫的民族。古希腊人创造了希腊风格的服装，古希腊人的不开襟整合长衣是对贯口式衣衫的发展，同时又是对后代长裙的奠基。它在人类服装史上，有着自己的位置，是古希腊人的创造和古希腊人的形象与风采。同时需要说明的是，它虽然区别于开襟式整合长衣的分裁与缝制，但它仍然是以人的双肩为垂挂点的，这种固定于双肩的整合长衣，与围裹式长衣在形式上有着根本的区别。

图 4－22　围裹式长衣——卢浮宫藏品

四、围裹式长衣

自围巾式服装形成以来，经过各区域着装者的不断探索，逐渐地呈现出多姿多彩的服装艺术效果。但是，围裹这种形式没有改变，当它融入无数人的服装创作（穿着）的巧思之后，至古罗马人时期，已经成为服装惯制中的典型服式了。

古罗马人的围裹式长衣成为古罗马文明的象征。欧洲服装史论家对演说者雕像进行了研究，分析表明它出自公元前 3 世纪末、公元前 2 世纪初的伊特拉斯坎人之手。雕像上的古罗马宽松外衣，无疑是这两个民族的服装样式的艺术结晶。这实际上是长时期多民族服装艺术融合的结果。

课后习题

一、名词解释

1. 骨骼

2. 匀称型体形

3. 髡刑

4. 上衣下裳制

二、简答题

1. 简述男女体形差异对服装设计的影响。

2. 试析原始性人为塑造躯体的行为与现代性人为塑造躯体的行为之间的区别与联系。

三、进阶思考题

东西方不同的服装形制体现了怎样的文化差异?

基础理论——

服装设计与服装实现

课题名称： 服装设计与服装实现

课题内容： 服装设计

服装设计的实现过程

服装流行的规律

上课时数： 5 课时

训练目的： 使学生对服装设计有一个最初的理解，使学生明白设计的特点、目的以及对设计基本功培养的重要性；建立服装从平面到立体的实现过程的概念；了解关于服装流行的相关知识。

教学要求： 1. 使学生了解设计的概念和分类、设计的目的与宗旨、服装设计的基础培养

2. 使学生了解从目标确定环节→到形态确定环节→到平面表达环节→到立体表达环节的服装的整个实现过程

3. 使学生了解关于服装流行的社会基础、流行的方向和流行的流速等相关知识

课前准备： 阅读关于服装绘画书籍及多种类的时尚书籍。

第五章　服装设计与服装实现

第一节　服装设计

一、服装设计的概念和分类

（一）设计的概念

与中文“设计”一词相对应的世界通用词汇是“designare”和“designum”，这两个词来源于拉丁语，原意是徽章和记号的意思，相应的法语语义是计划或草图，现在一般用“design”这个词表示。相应的日本语则是意匠、图案、计划或设计等。日本服装专家村田金兵认为“设计即计划和设想实用的、美的造型，并将其可视性地表现出来，换句话说，实用的、美的造型、计划的可视性表示即设计。”川添登在《什么是设计》一文中指出：“所谓设计，是指从选择材料到整个制作过程，以及作品完成和使用之前，根据预先的考虑而进行的表达意图的行为。反过来讲，只有人类心象的物质性或实体性的实现才能成为设计。”英国的布尔斯·阿查对设计下的定义是：“有目的的解决问题的行为。”所谓进行设计，即“抱有关于整个系统或人工物或其集合体的设想，预先决定其细部的处理方法”。

（二）设计的分类

设计一词涵盖的范围非常广泛，主要可以分为三个大类：一是产品设计，包括纺织品设计、交通工具设计和生活用品设计等；二是空间设计，包括城市设计和景观设计等；三是视觉设计，包括平面设计、展示设计、电影电视设计和动画设计等。服装设计属于第一大类，即产品设计范畴。

设计是服装艺术创作过程中的重要一环，具体到服装上，我们可以将服装设计的概念界定如下：服装设计是基于一定物质材料和社会观念的客观需求，经由人的头脑对种种素材及其制约关系，加以选取、提炼、分解、合成的艺术行为。

至于说设计过程完成以后，制作直到最后成型，就是依靠能工巧匠领会设计者意图将其付诸实现的技术性工作了。

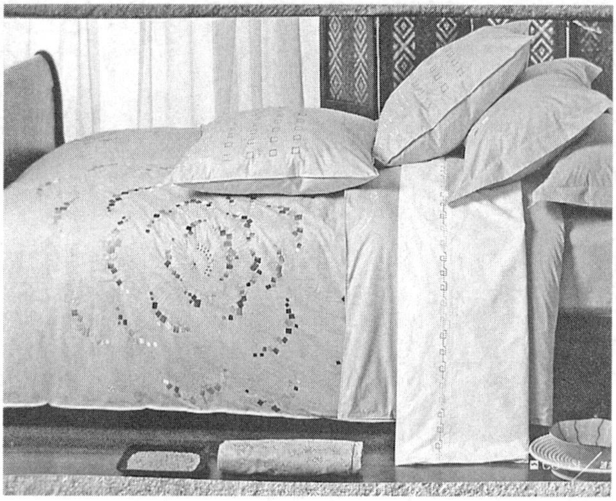

图5-1 家纺设计——堂皇家纺

图5-2 生活用品设计——椅子

设计的综合学科和边缘学科的特性在服装设计上有着突出的表现：服装设计首先是在人体上进行的，这就涉及人体工程学、生理学、解剖学、人类学等诸多领域；其次，穿着服装的人又是生活在空间与环境当中，这就要涉及环境生态学、地理学、气象学、生物学以及宇宙科学等领域；人是具有思维能力的高等生物，因此心理学、伦理学、宗教学、艺术学、历史学、政治学、社会心理学、经济学等层面也对其产生影响。因此，服装的设计与实现过程是一个复杂的过程，设计的目的与宗旨具有艺术与实用的双重属性。

二、服装设计的目的与宗旨

（一）审美价值决定服装的艺术性

一件衣服或一件佩饰品，只要是在正常场合下穿着，都要首先表现出美来。即使是最一般的服装，也要在尽可能的条件下考虑到审美价值。如是否具有鲜明的性别特征与体态匀称的特色，以满足着装者和着装形象受众两方面的审美需求；是否符合时代潮流，以达到与时代意识、时代风格同步的目的；是否能够激发起人的最大限度的审美感受，等等。服装设计实质上是审美心理的集中表现，其中包括多种成因。

服装审美的一般规律，是首先突出其个性特征。服装审美中所要求的个性特征，首先表现在性别上，其次才是年龄、民族等方面。因为从审美意识和审美趣味来看，人们对服装的笼统的、直接的审美感受，首先落在人的本身。即男性服装形象美和女性服装形象美，是最容易产生，也最容易被理解、被感受到的。

对于任何艺术来说，只具有个性是不够的，还必须有共性。艺术作为一种审美活动当然是最富于个性的了。但任何一个艺术家都只能作为一定的社会中的人存在，任何一种艺术活动也就只能作为一定的社会现象而存在。这种艺术个性与共性的矛盾统一表现在服装创作中，并集中到一个焦点上——时代潮流。

作为艺术品，服装能不能激发起设计者、着装者和着装形象受众三方面最大限度的审美感受，这是对设计者更高层次的要求了。服装作品体现鲜明的个性特征和符合潮流两点如果是必须做到的话，那么能够激发起人的最大限度的审美感受这一点，则不是所有设计者能够做到的。

图 5-3　服装应具有鲜明个性特征

要想在服装设计中创造美，无疑要寻求服装形象美的规律，在造型、色彩、纹饰以及组构（即配套）上符合人们的审美习惯，还要关注到时空的概念与特征。总之要以客观美的总和，以最为普遍而又最为稳定的审美观念的物化形态，去激发起人对服装形象的最大限度的审美感受。因此有一个对于设计者来说至关重要的问题，就是设计者不能仅从个人主观的审美趣味去设计服装，而不顾着装者和着装形象受众的审美观念，同时又不能完全迎合社会一般审美观念的潮流而失去创造个性。

（二）适用价值决定服装的实用性

对于服装艺术来说，审美价值理应放在适用价值前面去论述，而对于不同于一般艺术的服装来讲，又必须涉及适用价值。因为服装是艺术品的同时，也是实用品，是设计者的设计构思决不能忽略而且必须面对的事实。适用价值在服装艺术中，是指对于人的社会角色、对于不同消费阶层、对于不同的审美需求的适应性。服装艺术中需要论证的适用价值的这三个方面不同于服装社会学和服装心理学中与此相关的内容。

服装设计宗旨中要考虑不同社会角色的审美意识起源很早。在不少原始部落中，部落酋长和巫者的服装形象都带有一定的社会性（权威）和通过服装艺术所表现出来的角色特征（神形）。当进入现代文明社会以后，表面上看代表不同社会角色的服装（如皇帝服装，官员标志等）好像有些减弱，但是实际上，服装形象适用于不同社会角色的审美标准更为精确，审美关系也更为复杂、更为微妙了。

图5-4 清宣宗朝服像

图 5-5　伊丽莎白二世加冕礼服（1953 年）

现代社会也是如此，一个医护工作者在工作岗位上、居家休闲时、在恋人面前，对服装的选择绝不相同，对服装形象的审美要求也绝不相同。如果设计者忽视了这一点，那就意味着这一设计的失败。

服装设计中，作品必须具有适用价值这一点，是服装审美活动的特殊表现。而适用不同社会角色这一点，更是服装艺术学与服装社会学的交叉点与共同课题。它从服装创作目的性和审美明确性出发，触及社会评判的客观性。这种客观性既包括着装体的自然本质，又包括社会本质。

由于服装设计面向大众，面向几乎所有人，所以在经济社会中的这一实际问题也必须提到与服装艺术同样重要的位置上。只有适用不同的消费阶层，才可能拥有更多的知音，即着装者。艺术不得不同经济扭结在一起，从某些方面看，也许束缚住了设计者的手脚，但这也是历史的必然，是服装设计宗旨中的一个不能回避的问题。

综上所述，在设计过程中，服装设计者只有充分考虑到审美的共性与个性、审美规律，穿着者的社会角色、所处的消费阶层、经济环境等要素，才能设计出好的作品。

三、服装设计基础的培养

众所周知，服装作为物质文明和精神文明的双重产物，它既与人们的精神需要密切相关，又受到物质条件的制约。服装是社会政治、经济、文化、意识形态等方面综合作用力的结果。同时，服装又是时代的解码——可以通过服装这面“小”镜子图解社会这个大舞台，在它的身上，折射出社会的政治、经济、文化、社会思潮以及人们的穿着习惯和审美趋向等。服装的这个特性决定了服装设计是一个复杂的过程，而服装设计者则需要具有较好的综合修养、坚实的绘画基本功以及一定的服装结构工艺知识。只有具有以上的基础，才有可能设计出既兼具审美和实用两方面特性的服装。作为一名服装设计者，以下几个方面的素质是应该具备的。

图 5-6　范思哲设计的梦露主题的服装

（一）综合修养

服装设计者的综合修养涉及诸多方面，大体可分为艺术修养和人文素养两个层面。

1. 艺术修养

（1）感受力和洞察力

好的服装设计者应该具有良好的艺术修养，他应该对艺术及一切美的事物具有敏锐的感受力和洞察力。相对于普通大众，服装设计者更能发现和捕捉生活中美的瞬间。

服装设计者必须具备敏锐的感受力和非凡的洞察力，而且还能够把他对外在世界的敏锐感受和迅即捕捉结果同他意识中的内在视察语言结合在一起。只有当感受与内省、观察与内视之间不断地、快速地往返流动、相互转化、彼此融会，才有可能更准确、更及时地捕捉到生活情趣。而且只有这样，才有可能使捕捉到的生活情趣直接或经过提炼运用到创作中去。

(2) 领悟力与想象力

"悟"字，按照辞典的解释为"了解、领会"。服装设计者除了能敏锐感受美好事物之余，还应该具有良好的领悟能力。在设计过程中，将这种悟出的情感或意蕴融会贯通于其中，这是设计者艺术修养的具体体现。以相同的事物为设计主题，不同的设计者因为领悟力不同设计出的服装也不尽相同。如同样是以"敦煌"为灵感进行设计，大部分设计者脑中浮现的是飞天、佛像等具象的表达，人人如此设计，便难免千人一面；而有的设计者则是将敦煌最具有代表性的三种颜色提炼出来，用美丽的花纹形状作载体，将其放在衣服的局部，从而产生很好的效果，这就是领悟力不同的具体表现。

仅有以上条件还不够，成功的设计者要具备创造性的想象力。想象力，特别是创造性构思的能力对服装设计者来讲非常重要。审美与艺术创作中的创造性想象，大多与审美主体或艺术家过去的生活经验有关。

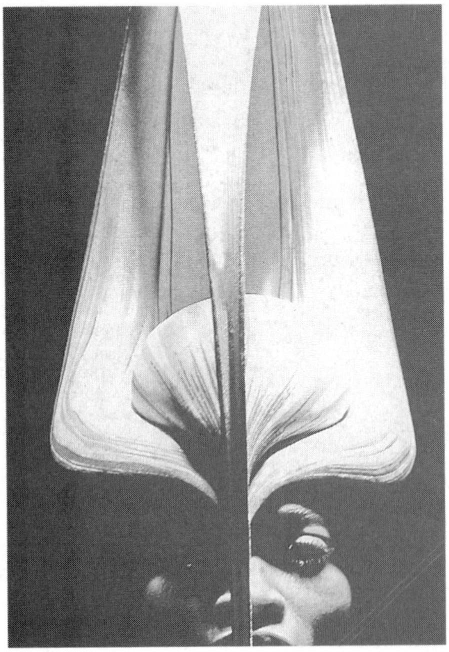

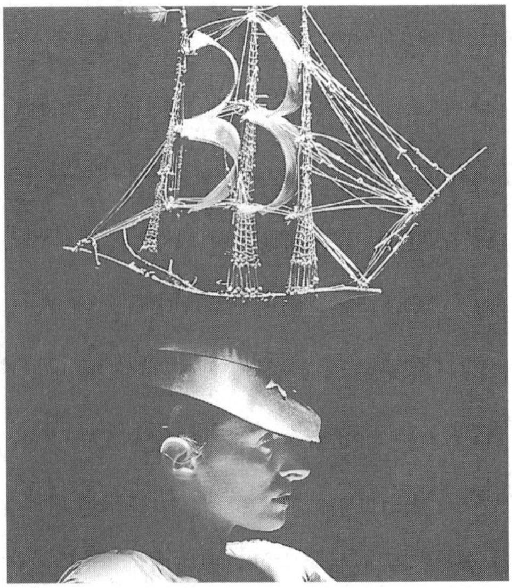

图5-7　充满创意的帽子设计——菲利浦·特雷西

服装设计者在欣赏优秀作品时，在玩味人生事态时，也需要充分调动起以往的生活经验和创作经验，使接触到的客观对象在情感的作用下，与记忆中的形象相融合，从而幻化出新的形象。

2. 人文素养

（1）文化知识的积累

许多人认为学艺术的人不需要太多的文化知识，仅凭灵感和艺术感觉足矣，服装设计也属于这个范畴，所以只要会画效果图、掌握流行规律就行了。但事实并非如此。文学、历史、哲学、美学等书籍，都会陶冶人的情操，在不知不觉中融入个人的意识之中，然后再在专业设计中以美的形式体现出来。

意大利文艺复兴时期天才的艺术大师达·芬奇把解剖、透视、明暗和构图等整理成为系统的理论，对后来欧洲绘画的发展产生了深远的影响。他不仅是一位天才的画家，并且是大数学家、科学家、力学家和工程师，他将科学知识和艺术才能进行了完美的结合。同时，他还是医学家、音乐家和戏剧家，而且在物理学、地理学和植物学等其他科学方面也多有涉猎。

知识并不局限于书本中，古人云“读万卷书，行万里路”。设计师克里斯汀·迪奥年轻时曾到欧洲各国游历，并与当时一些著名艺术家如毕加索、达利等交友，汲取艺术养分。日本设计师高田贤三为了追求心中的梦想——服装设计，做了几个月的轮船从日本到巴黎，轮船在航行中停靠了许多国家的许多口岸，这都成为他日后服装设计的灵感来源。

图5-8　高田贤三的作品充满异域色彩

有很多的服装设计者，在进行服装创作时总是遇到前进的瓶颈，难达到更高层次的突破，很大的因素在于其文化知识的缺乏。这不仅直接影响到他作品的水平，而且还阻碍了他认识生活的能力和表现生活的技巧，也就在实际上影响了他作品的深度和高度。

（2）社会风俗和民族风情的浸润

除此之外，还需要设计者对社会风俗有所了解。熟悉服装的民族特色以及与此相关的风俗风物风情，对服装设计者的视野拓展和水平的提高都有着很大的促进作用。

每个民族的服装形成不是出于偶然，也不是一朝一夕就能完全体现出特点来，这些服装反映了这些民族的综合文化，并与它们的民族风情紧密相关。这里谈到的风情特指服装设计者要了解全人类各民族的风采、情趣，其中包括了风采、情趣形成的原因，诸如地理环境和气候条件种种。当然主要落脚点应放在民族情趣和风采上，因为它直接关系着服装的审美价值。迪奥的首席设计师约翰·加利亚诺就非常善于从其他民族的文化中汲取灵感，设计了包括欧洲洛可可宫廷风格、日本艺妓风格、中国旗袍风格等，都达到了让观者惊艳的艺术效果。

图5-9 加利亚诺善于从民族风情中汲取养料

（二）专业素质

1. 人体比例的掌握

服装设计中的人体来源于真正的人体又不同于真正的人体，简单地说，服装人体是按照人们理想中人体的长度和比例来确定各个部位所占的比例的。一般来讲，设计者先要确定人体中头的大小，以此为参照物确定服装人体的身高，如八头身是身长为八个头部长度之和，八点五头身是身长为八点五个头部长度之和，九头身是身长为九个头部长度之和。确定了头长之后，要先确定人体的中心线和姿态的走势，接下来确定的是肩的位置和肩宽、腰的位置和腰围、臀的位置和臀围，然后是膝盖的位置和脚的位置。这几个关键位置线和点确定之后，服装人体廓形就基本完成了。

图 5－10　模特的身材接近理想中人体的长度和比例

2. 流行趋势的预测

在服装领域，流行是与服装密切相关的一个概念。20 世纪杰出的服装设计师可可·夏奈尔曾经说过："时尚来去匆匆，唯有风格永恒。"这一名言被奉为时尚界的金科玉律。一些服装学者通过研究发现，服装的流行是以 20 年为一个周期循环往复的。而自 20 世纪 90 年代以来，服装的流行速度大大加快，这就要求服装设计者对服装的流行趋势具有更加敏锐的观察和预见能力。如何获得这种能力？这需要设计者关心大众审美趋向和消费倾向，注意服装流行中心的最新信息，随时了解服装流行的最新动向。

图 5－11　夏奈尔——时尚来去匆匆，唯有风格永恒

如前所述，服装是社会物质文明与精神文明共同作用的结果，因而服装设计者可以通过分析政治动向、社会变革、经济兴衰、环境改善等极易影响服装流行的因素去总结规律。此外，具体到研究某一种服装的流行周期，探求流行轨迹，以做出大致的趋势预测。

服装设计者要随时了解服装最新动向和预测服装发展趋势，目的不在掌握，而在运用。在此基础上谋求新的设计意念和表现题材，才是关键所在。如设计师夏奈尔根据 20 世纪初战后的社会文化背景，设计出不突出女性身体曲线的松身服装，在时尚界引起轰动，也改变了妇女们的穿着方式。又如设计师克里斯汀·迪奥针对战后人们对美好与奢华的生活方式的向往，在1947年推出突出女性身体曲线的“新样式”，这一被称为“追回失去的女性美的伟大艺术家的作品”系列，突出了女性合体的肩部、饱满的胸部和纤细的腰肢，非常具有女性特有的美感，一经推出就得到人们的追捧。

在设计风格上，这是两个相反的例子，但它们的设计者都深谙时尚的奥秘，并且因为对服装流行趋势的准确预测而走在了流行的前面。

（三）绘画基本功

中国美术史上流传着一段创作佳话，清代扬州画派的郑板桥在画竹当中总结出自己由灵感到实施创作的一套体验。他说：“江馆清秋，晨起看竹，烟光、日影、雾气，皆浮动于疏枝密叶之间。胸中勃勃遂有画意。其实胸中之竹，并不是眼中之竹也。因而磨墨、展纸，落笔倏作变相，手中之竹又不是胸中之竹也。总之，意在笔先者，定则也；趣在法外者，化机也。独画云乎哉!”

这也就是我们所熟知的“自然之竹”、“眼中之竹”、“胸中之竹”和“手中之竹”。服装设计者绘画草图和效果图的过程，就是将“眼中之服”化为“胸中之服”的过程，将构思好的服装形象用笔墨表现出来，实际上就是一个再创作过程。构思中的草图和基本设计完毕时的效果图，再到设计最后阶段的制作图，都离不开绘画，因此，绘画技巧的训练是必不可少的。

但在这个物化的过程中，我们常常遇到这样的情况：明明心中有非常好的设计思路和想法，但落实到纸上往往达不到想要的效果，这就是设计者常常遇到的“眼高手低”的问题。作为普通的设计者，在实际工作中仅凭语言表达来完成设计环节是不现实的，用草图或效果图的方式把设计表达出来才能较好地完成后续的工作，因此绘画基本功的训练非常重要。

如何训练服装设计的绘画基本功呢？服装是穿在人身上的，因此对人体的认识、对人体解剖学的研究是服装设计者必不可少的基本功。此外，素描、速写与色彩是完成草图和效果图的三个重要基本功。

素描是训练对设计者绘画基本功必不可少的方面，一般的服装院校以及服装专业都会将其列为专业基础课，有了坚实的素描基础将对设计者以后的效果图实现奠定基础。速写可以说对服装设计者尤为重要，比例准确、线条流畅的速写基本功能够更准确地表达作者的设计。色彩的训练也非常重要，对色彩的三种属性（色相、明度和纯度）、色彩的冷暖以及色彩所表达的色彩感情的熟练掌握，能够帮助设计者更出色的完善设计意图。绘画和其他文学艺术不同，它是通过可视的平面视觉形象的塑造来反映对象的。因此掌握一定的绘画技巧对服装设计者来说非常重要。服装设计者至少需要掌握几种表现手法，并将其熟练地运用到草图或效果图的实现之中。

(a)

(b)

(c)

(d)

图 5－12

(e)

图 5－12　学生效果图作业（胡忠潮、陈东来、李熙冉、赵明）

无论是一步到位，即直接画出构思完善的服装形象，还是经过无数次草图的绘制、筛选，都是服装设计者构思之后外向传达的一段创作过程。通过这种创造性活动，设计者将个人的主观目的、意图、愿望、理想变成为对象性的存在，把内在的审美理想、审美情感、审美趣味物化为艺术产品。由于服装设计属于综合艺术设计，但最终是以美术形式表现出来。服装效果图无论是表现哪一种成品效果，其主要目的都是为了观者的认同感。同时，效果图本身也是一件艺术创作。设计者在为别人提供一种具有可视性的设计想象时，还利用效果图通过自己的绘画技巧，表现设计者的美学思想。因而追求效果图本身的艺术品位，也就成了设计者表现实力的一个重要方面。好的草图和效果图可以传达作者的设计主张，可以使生产链上的下一个环节——打板师更好的理解设计者的想要的效果，可以使观者更加认同设计者的艺术构思。比如鞋子设计大师莫罗·伯拉尼克，每当有灵感在脑海中迸现时，都会在第一时间勾画出草图，并调制出美丽的颜色进行渲染。每一幅图都精到地表达了作者的设计意图，这与设计者的绘画基本功是分不开的。

图 5-13　莫罗·伯拉尼克的手绘鞋子图片

（四）结构和工艺基础

服装设计者不仅应该具有一定的综合修养，能够画出一手好设计图，还要能够对服装的结构和工艺熟练地掌握。高素质的服装设计者不仅能够单纯地进行设计，还能够将它从纸上的设计图转化为实物——能够穿着的服装。这如何实现？

对结构和工艺的了解必不可少。服装的初学者经常会遇到这样的问题：有还没被束缚的、天马行空的想象力，能够将心中的想法画出来，但在实施阶段，即从平面的设计图到立体的服装这个步骤时，突然发现自己的设计根本不能实现。究其原因，十有八九是因为设计稿在结构和工艺上根本不能实现。所以，对结构和工艺基础的训练必不可少。设计者需要掌握的如男装和女装的原形板型，各种上衣、裤子、裙子、西服的基础板型，基本的工艺基础等。只有打好结构和工艺的基础，才能够将自己的头脑中的美好的想法最终实现成为实物的衣服。

第二节　服装设计的实现过程

一、目标确定环节

设计目标是整个设计实现过程的第一个环节，它是设计逐步实现的前提。设计者在进行设计之前心中先要明确几个问题。

（一）服装的受众

了解服装的受众就是要先确定穿着者的性别、年龄、身材、肤色以及基本的体貌特征。按性别可以分为男性和女性；按年龄可以分为成人服装和儿童服装等；按身材划分可以分为正常、偏瘦、偏胖和肥胖等；按肤色可以分为黑色、棕色、黄色和白色等。

（二）服装的穿着季节和场合

穿着季节包括春节、夏季、秋季和冬季。穿着场合有在家穿的家居服、在工作场所穿的工作服、在锻炼身体时穿的运动服、在普通生活中穿的休闲服和参加宴会穿的礼服等。

（三）服装的款式类型

服装的款式类型包括上衣类、下装类、佩饰和随件。上衣类包括衬衫、夹克、西服、背心和外套等，下装包括裤子和裙子等，帽子属于首服，鞋子属于足服，箱包属于随件，首饰则在佩饰之列。

图 5－14　佩饰——珠宝项链

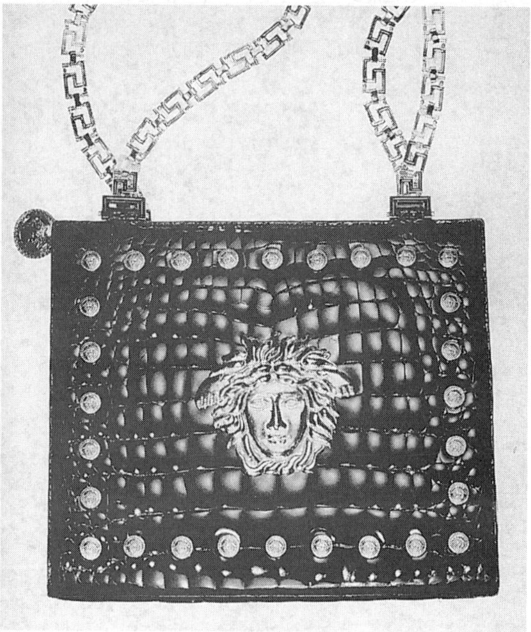

图 5－15　随件——范思哲手包

(四) 服装的价格与定位

服装的价位划分有不同的划分标准，如 100 元以下、100～300 元、300～400 元、400～1000 元、1000 元以上等。服装定位分为高价位、低价位及中等价位等。

二、形态确定环节

在明确了设计的目标之后就要对其进行设计形态方面的构想，这其中包括服装造型的设计、服装材料的选择、服装色彩的运用与服装的局部考虑。

(一) 服装造型的特点

服装的造型特点是指服装整体所呈现的大的形体特征，如 A 型是上部小下部大，H 型是上下一般粗，Y 型是上部大下部小等。在设计者进行形态设计的阶段，首先要考虑的问题之一就是服装的造型问题。20 世纪著名服装设计师克里斯汀·迪奥认为“服装是将女性的身体塑造得更美的瞬间的建筑”，他自 1947 年推出“新样式”后开启了一个“形”的时代，这种对形的热爱也影响了和他同时代的设计师们。时代向前发展，在现代的服装设计中，设计师们考虑更多的是如何将服装更契合穿着它的人，而不仅仅是用衣服塑造出一个怎样的造型。尽管如此，在设计的实现过程中，服装的造型特点依然是在形态确定环节中要首先考虑的问题。

图 5-16　20 世纪 50 年代 X 造型的服装

(二) 服装材料的选择

服装材料主要分为服装面料和服装辅料两个部分。

1. 服装面料

服装材料中，面料最重要，面料对于服装的塑造具有直接的作用。为了达到不同的设计效果，我们会选择不同的面料。如纯棉质地的面料更能突出自然的设计理念，裘皮更能突出奢华的质感等。但也不能一概而论，有些设计师用纯棉面料制作的礼服也具有一种华美的感觉，而裘皮也可以作为小面积的点缀应用到日常服装的设计中。近年来，面料的混搭成为一大设计看点，如将质地迥然不同的皮草和蕾丝缝制在一起，可达到独特而强烈的对比效果。

服装的面料在塑造服装中所起的作用最为关键，面料对服装外观的影响也最大，它是和服装设计联系最为密切的一种服装材料。因此，我们在这里主要介绍面料的制作过程、常用面料分类以及与设计相关的面料选择。

（1）面料的制作过程

①纤维。纤维是组成面料的基本单位，直径只有几微米或几十微米，长度比直径大千倍以上且只有一定的柔韧性的纤维物质统称为纤维。纤维的粗细、长短各不相同，这也是决定面料质感的重要因素：一般来讲，粗的纤维构成的面料硬而厚，细的纤维构成的面料软而薄；短的纤维构成的面料较为粗糙，容易起球，长的纤维构成的面料较为细腻。纤维的种类有两大类，一是直接从自然界取得的天然纤维，如棉、麻等植物纤维和羊毛、蚕丝等动物纤维；二是通过化学处理、合成得到的化学纤维，如腈纶、涤纶、绵纶等。

②纱线。纤维经过加工成为纱线，纱线就是由纤维制成的具有一定强度、细度，并且可以加工成任意长度的材料，它是组成面料的第二步。

③面料。纱线可以织成我们需要的面料，因为使用的织布机器所运用的原理不同，因而织出的布也就不尽相同。一般可分为机织和针织两大类，这也构成了服装面料的基本种类。机织物的纱线以垂直的方式互相交错织成，具有紧密、坚实的特性，如斜纹布、牛仔布、灯芯绒等。针织物是将纱线结成针圈，无数针圈套在一起得到的，因此弹性较大，如平纹布、罗纹布、毛巾布等。

（2）常用服装面料种类

①棉布。棉布是最为普通且应用广泛的服装面料，它是将棉花去籽进行轧棉、梳棉、精梳、并条，再将粗纱纺成细纱然后再织成布料的。较多用来制作休闲装、衬衫、内衣和部分时装。它的特点是轻柔保暖、吸湿性和透气性好。它的缺点是缩水量较大、易起皱，从外观上看不挺括。

②麻布。麻布是以大麻、亚麻、苎麻、黄麻、剑麻、蕉麻等各种麻类植物纤维制成的一种布料。它的优点是吸湿、导热、透气性好，缺点则是穿着不如丝绸爽滑，外观较为粗糙、生硬。过去多用来作夏装，现在一般用来制作休闲装和部分时装。

③丝绸。丝绸是我国特有的面料，它是以蚕丝为原料经过纺织加工而成的各种丝织物的统称。丝绸的特点是轻薄、柔软、悬垂、光泽感好，典雅高贵。如今丝绸一般用来制作女装，可用于一般的时装，也可用于礼服。

④毛面料。毛面料是以羊毛、羊绒、兔毛等动物身上的皮毛进行加工而得到的织物。毛面料的特点是厚实、耐磨、挺括、保暖性强。毛面料一般用来制作礼服、西装、大衣等。

⑤裘皮与皮革。裘皮是经过处理的动物毛皮面料，它是由动物的皮以及附着于皮上的毛两部分组成的。皮革是经过鞣制去毛处理的动物的皮。裘皮与皮革作为非人工制造的服装材料，有它自身的特点，如保暖性强、华贵雍容等，一般多用于制作时装，尤以秋冬季为主。

⑥化纤面料。化纤面料是利用化学纤维为原料制作而成的纺织品，分为再生纤维、合成纤维和无机纤维。化纤面料的优点是色泽鲜艳、滑爽舒适、悬垂挺括，可用来制作各类服装。化纤面料一般透气性差，20 世纪末起这个缺点逐步得到解决。

⑦混纺面料。混纺面料是将两种或三种纤维按照一定的比例混合纺织而成的织物。它既吸收了各成分各自的优点，又避免了它们的缺点，而且价格低廉，是常用的服装面料。

⑧新型面料。随着科学技术的进步，服装面料的大家族里又增添了许多新的成员。针对不同的服用性，它们在已有的面料基础上作出了很多改进，具有良好的性能。如：

a. 莱卡面料（lycra）。莱卡是美国杜邦公司生产的一种氨纶。氨纶是一种弹性纤维，它具有良好的弹力，可延伸至原长的 5～8 倍，最为可贵的是去除外力后能完全恢复原状。它取代了传统的弹性橡筋线，被广泛应用到内衣、泳衣等服装上。

图 5 - 17　面料的混搭成为一大设计看点

b. 天丝面料（tencel）。天丝是一种全新的黏胶纤维，系采用氧化铵为基础的溶剂纺丝技术制取的。溶剂纺丝技术制取与以往黏胶纤维的制取方法完全不同，因而有许多其他化纤不能相比的优点。天丝的成分为纤维柴油，其生产原料为大自然中的树木，被称为 21 世纪黏胶纤维。

天丝主要特点是既具有黏胶纤维良好的吸湿性，又具有合成纤维那样的高强度。天丝面料稳定性好，缩水率小，柔软有光泽，不易变形。

c. 冰丝（ice silk）。冰丝是由天然棉纤维以及其他天然纤维经科学提炼而成，透气性能好、抗静电性能高、触感滑爽，还具有防霉、防虫、防静电、防辐射等效果。因为冰丝的上述特点，常被用来做内衣。

（3）不同类型面料的选择

①轻薄型面料。轻薄型面料较为轻薄而且悬垂性好，主要包括织物结构较为松散的针织面料和丝绸面料、麻纱面料等，这类面料能够很好地体现人体的曲线美，

适合于紧身、松散、打褶的造型，设计合理可使其具有流动感。

②厚重型面料。厚重型面料较为厚实挺括，主要包括各类厚型呢绒和针织绗缝织物，它能产生较为稳定的造型效果。因其厚重的特点，不宜过多采用褶裥和堆积的设计手法。

③光泽型面料。光泽型面料的表面有很好的光泽，吸引人们的目光。这类面料主要包括各种缎纹结构的织物和丝绸。光泽型面料一般用于礼服或舞台表演服的设计，在造型上没有什么限制，能够产生较强的舞台效果。

④透明型面料。透明型面料一般质地非常轻薄，具有透明或半透明的视觉效果。透明型面料包括棉、丝、化纤织物以及PVC材料等。透明型面料可以用来设计内衣和时装，与其他类型的面料如裘皮等混合运用也可以收到良好效果。

2. 服装辅料

服装辅料种类繁多、用途各异，可以大致分为里料、衬料、垫料、填料、胆料、扣紧材料、线带类材料、装饰材料和其他辅料几个部分。

（1）里料

里料是服装的夹里，它接触人体或内部衣服，因此材质很重要。里料有棉织物里料、丝织物里料、黏胶纤维里料、醋酯长丝里料、合成纤维长丝里料等。

（2）衬料

衬料是在面料与里料之间的服装材料，它能对服装的形态起稳定的作用，有棉布衬、毛衬、麻衬、非织造布衬等。早年西服讲究马尾衬，以使之挺括。

（3）垫料

垫料是在一些服装部位起撑垫作用的服装辅料，如胸垫、肩垫等。

（4）填料

填料是用以增加服装厚度的保暖材料，棉、丝绵、羽绒和一些新型的化学纤维等都可以作为填料。

（5）胆料

胆料是裹在填料外的材料，由于填料一般都较为松散，需要其他材料予以固定，因此胆料需要较为紧密的材料。

（6）扣紧材料

扣紧材料主要在服装中起到连接与开合的作用，有纽扣、拉链、挂钩、搭扣等。

（7）线带类材料

线带类材料包括线类材料和带类材料。前者主要指缝纫线，有棉缝纫线、真丝缝纫线、涤纶缝纫线、涤棉混纺缝纫线、绣花线、特种缝纫线等。后者主要有松紧带、罗纹带、缎带、人造丝带等。

（8）装饰材料

装饰材料主要对服装起到装饰的作用，有花边、缀饰（如珠子、亮片、动物羽毛等）。

（9）其他材料

其他材料包括服装的各种标识材料，如吊牌、洗涤标、码标等，此外还有各种包装材料，如纸袋、纸盒、纸箱、塑料袋等。

（三）服装色彩的运用

在设计中，色彩是需要优先考虑的因素，如冷色系、暖色系，中性色系等。可以说色彩是服装的一种表情，Alison Lurie 在《解读服装》一书曾经如此划分服装色彩的语言：白色代表纯洁、天真和地位，黑色代表忧郁、罪恶和诡辩，灰色代表谨慎和神秘，红色代表爱和愤怒，黄色代表年轻、希望和欢乐，蓝色代表和谐、正直和忠诚，绿色代表罪犯、仙女，紫色代表庄重和粗俗，褐色代表稳定和经济等。当然在不同的国家和地区、不同的知识接受和受教育程度下，不同的人对服装色彩有着不同的理解，但无论怎样，色彩的选择都是为了更好地表达设计者的意图。

图 5－18　服装的色彩有着自己的语言

下面让我们来了解一些关于色彩的基本知识以及服装与色彩的关系。

1. 色彩的产生

17 世纪下半叶英国物理学家牛顿通过三棱镜将白色光即太阳光分解成了赤、橙、黄、绿、青、蓝、紫的七色光谱，这些光的重合就是白色光，这一重大发现具有划时代的意义，证明了光的作用产生了色彩。到了 19 世纪，英国物理学家托马斯·杨（T. Young）和海尔姆·霍尔兹（H. V. Helm Holtz）进一步提出了色彩的三原色混合学说，即光谱上的各种颜色都是由红、绿、蓝三种颜色按照一定的比例合成的，而白色光就是由这三种颜色合成的。

2. 色彩的几个相关概念

（1）色彩的三属性

色彩的三属性是色相、明度（亮度）与纯度（饱和度）。

①色相：指色彩的相貌，是色彩的基本特征，是此种色彩区别于其他色彩的重要表征，如黑色、白色、灰色、红色、黄色、蓝色等。

②明度：指色彩本身的明暗度，在无彩色上由白到灰至黑的整个过程。明度低的色彩较为暗淡，明度高的色彩较为明亮。在所有的颜色中，黄色明度最高，蓝色明度最低。

③纯度：指色彩的饱和度，饱和程度越高色彩越明亮。

（2）色彩的类别

色彩可分为无色彩（白、灰、黑）与有色彩（赤、橙、黄、绿、青、蓝、紫等）两大类别。

（3）色彩的冷暖

根据人类的心理感觉和视觉感受，色彩也具有冷暖之分，色彩的冷暖可分为三个类别。

①暖色系：包括红、橙、黄等颜色。

②冷色系：包括蓝、绿、蓝紫等颜色。

③中性色系：包括绿、紫、赤紫、黄绿等颜色。

（4）色相的对比

两种以上色彩组合后，由于色相差别而形成的色彩对比效果称为色相对比。色相对比强弱程度取决于色相之间在色相环上的距离，距离越小对比越弱，距离越大对比越强。

①零度对比。零度对比包括以下四类：无彩色对比，如黑与白、黑与灰、黑与白与灰、黑与深灰与浅灰等；无彩色与有彩色对比，如黑与红、黑与白与黄、白与灰与黄等；同类色相对比，如红与浅红对比，绿与粉绿与墨绿色等对比等；无彩色与同类色相比，如白与深蓝和浅蓝等。

②调和对比。调和对比包括以下三类：邻近色相对比，即色相环上相邻的二至三色对比，色相距离大约为 30°，如红橙与橙与黄橙色对比等；类似色相对比，即色相对比距离约 60°，如红与黄橙色对比等；中度色相对比，色相对比距离约 90°，如黄与绿色对比等。

③ 强烈对比。强烈对比包括以下两类：一是对比色相对比，即色相对比距离约 120°，如黄绿与红紫色对比等；二是补色对比，即色相对比距离为 180°，如红与蓝绿、黄与蓝紫色对比等。

3. 服装设计与色彩的选择

不同的色彩给予人们不同的视觉刺激，人们对不同的色彩产生不同的感觉。这些感觉包括色彩的冷暖感，色彩的轻重感，色彩的软硬感，色彩的前后感，色彩的大小感，以及色彩的华丽感与质朴感，色彩的活泼感与庄重感，色彩的沉静感与兴奋感等。服装的穿用者有着不同的背景，如年龄、性别、肤色、职业、心理特征、审美趣味等，他们对颜色的喜好各不相同，此外人们对服装的喜好还会受社会因素的影响与风俗习惯的制约，因此在服装设计中，设计者应该充分考虑这些因素来选择服装的色彩。

（四）服装的局部特征

我们经常看到这种情况，本来很普通的一件衬衫因为双层领的设计一下子就显得与众不同；一件无袖单肩及膝小礼服因为一侧肩点上的装饰花立刻变得不同凡响，这些都是局部设计对服装整体产生的影响。服装局部特征的考虑有突出胸部、突出腰部、突出领部等。

三、平面表达环节

设计者将设计目标和设计形态确定之后，就要将其体现出来，最初是草图，在成型之前会有很多的草图，在画草图的过程中设计者的设计思维也会更加完善起来，最终以效果图的方式表达出来，形成一个从量变到质变的过程。在效果图完成之后，一般还会将服装正反面的款式图画出来，并将面料小样整理出来。这样，作品的平面效果就被完整地表达出来了。

四、立体表达环节

平面效果转化为立体效果是通过打板、裁片、缝制等一系列工艺手段来实现的。设计者头脑中的想法在这个阶段就基本实现了。这期间会经过很多次的调整和修改，包括板型的调整、尺寸的调整、面料的调整等。立体效果的完成过程中也包括结构工艺的完善，如服装的各个部位的工艺实现。经过种种繁琐的步骤，设计者最终得到样衣。

设计者所设计的服装经过立体效果的过程得到修改后的样衣，如果是单件的定制服就可以将这件样衣（一般为坯布）让顾客穿着，逐渐调整后最后用所选的面料进行裁制；如果需要大批量生产就要以此为中间号型进行推板，成为一个系列后进行车间的批量生产。

第三节 服装流行的规律

一、服装流行的社会基础

因为服装流行是人类文化生活中的一种行为方式，是社会人的一种认知和表意方式，因而它必然反映出一定社会的整体的心态，从而成为一个时期内人们社会生活方式的重要内容。服装流行作为社会产物，它的全过程以及每一阶段的效果如何，也就直接取决于社会生活。在这里必须涉及两个问题，一个是服装流行是社会高度文明的标志，再一个则是服装流行总是受到社会思潮的巨大影响。

（一）服装流行是社会高度文明的标志

可以设想，当一个人或是一群人被困在孤岛上较长一段时间的情况下，这一个“小社会”中根本谈不上服装，更谈不上流行。这也许算不上典型的例子。不过，由此就会引申到另一种状况，即一个部落的人群生活在远离文明，或者远离其他人群的密林深处、峡谷之中，很难接触到外界的新生事物，就必然决定了他们的固有文化的不可变性。他们的传统文化可能十分有特色、有韵味，但是缺乏其他媒介物，因而不易在自身基础上直接提高与发展。

从人类社会生活中所出现的服装流行现象来看，它必须形成一个效应场，才会为全社会所认可。而作为服装流行的社会基础之一——高度文明，必须是有某种特征的，这些特征正是构成服装流行现象的外部条件。

1. 服装成为商品而流通

在自给自足的自然经济中，在简单商品交换中，即农业部落和畜牧部落之间的商品交换中肯定都会有服装的位置。但这还不同于高度文明社会中的商品流通过程中的服装品。

服装正式作为商品，是现代的事，起始于欧洲的工业革命以及法国君主制度崩溃的历史阶段。这多种因素的共同作用，使服装产生了巨大的变化，首先是制作方式与风格形成。公元18世纪时，服装生产还是以手工为个人裁制为主，到了1800年，美国就已经开始出现专售成衣的服装店。店主把裁缝们生产的服装在柜台上出售。著名的布鲁克斯两兄弟服装店就建于1818年、1825年。许多成衣商开始出售由新创建的服装厂生产的服装。尽管在成衣出售初期受到标准化的限制，并加上对制约成本的考虑，使得服装设计不能丰富多变，所生产的服装质量也较为低劣，但总归是迈出了服装工业的艰难的一步，从而为服装的形成与发展铺垫了基石。

商品既然以出售为目的，就必须认真考虑销售对象的需求。销售对象有不同的审美需求，而其中求美求新又是必然的要求，这就促使店主随时改进服装的样式，因而出现了日日新的服装。当服装成为商品时，总会遇到商品销售量趋于饱和的情况。为了追求更大利润，店主和制造商们就不惜采取各种手段，使服装日新月异，随时更新换代，以刺激消费市场，增加销售量。服装流行变迁的日益加快，其前提首先是服装作为商品在人们社会生活中的正常流通。

图5-19　商品既然以出售为目的，就必须认真考虑销售对象的需求

2. 信息社会加速了服装的流行

信息社会，是促使服装飞跃发展的强有力基础。因为，在以大众传播为主的信息环境中，主要是靠人与人之间面对面的、直接接触的信息传递方式。只有到了以报刊、广播、电影、电视，特别是互联网等屏幕为骨架可视的信息传播技术普遍应用的时代，才会使得诸如服装一类与大众生活相关的新生事物加速传播，这就等于在社会生活中增加了人们之间相互影响、相互感知、相互授受的机会。服装得益于信息传播通道的输导与信息传播流程的缩短。当然具有可视形象的传播媒体（静态画册、动态电视、网络），比文字或语言传播更为直接更为生动，因而愈益引起大众在穿着上的兴趣与效仿。这是服装流行所需要的社会环境。

（二）社会思潮影响服装流行

服装流行的社会基础除了取决于社会高度文明这一条件之外，还在此前提下受到社会思潮的直接影响。两者相比，前一个服装是广义的、抽象的，是形成概念的服装，而后一个服装则是狭义的、具象的，是视觉艺术兼实用服品的服装。前一服装流行现象必须具有社会的高度文明；后一服装为何以流行、流行哪种款式、流行程度以及在哪一个特定时期、为哪一个特定阶层人所钟爱等问题，提出了强力引发。从服装流行上，可以窥见每一时期的社会思潮。

假如将服装与社会思潮割裂开来，那就不单单是服装缺乏生机与活力的问题，也不只是服装缺乏文化性的问题了。可以这样说，没有社会思潮的推力，就不可能有日新月异的服装。不过社会思潮对服装的影响，并不是千篇一律、细水长流的。而是有强有弱、时疾时缓的；有时明显，有时却比较隐晦、模糊。只是，社会思潮对服装构成的影响绝对是存在的，这也是服装流行的社会基础中的一个重要因素。

二、服装流行的流向

既然流行一词中首先强调了“行”，再定之以“流”，这就毫不含糊地点明其本意是呈动态的，是一种事物由一端向另一端，或向四面八方扩散的过程。流而行之，是一种新气象、新模式、新格调，能引起众多人推崇、喜爱、追随，进而自上而下、自下而上或是横向推移。在这里，我们就以服装的几种常见的流行为脉络，去探视服装在流行过程中的方向选择。

（一）垂直运动

垂直意味着其运动方向是向上或是向下的。那么，从起点和终点的两个方位来看，当然是由低向高或由高向低的。所谓高低与上下，在社会学研究领域中，主要是指社会地位，也可以由此引申为阶层。因而在服装社会学，或者说再缩小到服装流行的流向来看，垂直运动意指上层社会的服装影响了下层服装的更新，或者是原本被上层社会认为不屑一顾的平民服装却以强大的气势冲击了上层人士，使他们欣然接受。

图 5－20　慈禧太后像

需要明确的是上层和下层的概念。历史（当然是指文明史）毕竟运演了数千年，社会上、下层的概念，其内容与含义不可能从始而终，一成不变。即使是在大约相同的社会制度下，由于区域不同，区分等级的称谓也不会相同。在君主制度时代，最高的自然是帝王，中国秦始皇前的帝王被称为天子，始皇以后一直称为皇帝，日本称之天皇，俄罗斯称为大帝，欧洲大部分地区则统称为国王。帝王之下有贵族阶层，中国先秦时天子以下有诸侯、大夫、士。魏晋始有官阶九品，士和九品官以下即为平民。欧洲贵族大多分公、侯、伯、子、男五个爵位，爵位世袭罔替。印度曾把人分为四个等级：婆罗门、刹帝利、吠舍、首陀罗。首陀罗以下被称为贱民，没有人的尊严与自由，因此婆罗门和刹帝利可以作为上层看待。这是君主制时代区分上、下层的概念。

下层，是相对而言的，除了君主制和奴隶制时，人们被迫承认这种地位及相应的称谓，如今显然是不合时宜了。人们往往只承认有上层，却不甘心称自己是下层，即使自称下层，也只是调侃或发泄。人们只承认有上层，而自己处于绝大多数人中间，叫百姓可以，叫公民阶层、叫群众，也都可以。在这些人民大众中间，是否还有被认为地位更低一些的人呢？事实上是有的，如出卖劳动力的人等。当然，这个标准因时代、因地位而异，不是绝对的。

服装流行垂直运动时所呈现的状态，被人们做出富有诗意的描绘：自上而下称为“向下细流”；自下而上称为“向上渗入”。自上而下的传播，被形容为“瀑布式”，是以欧洲近代社会的传播方式为依据的，在当时，上层社会，或称上流社会是时尚的主要信源。现代社会就不同了，人们的生活半径不断扩大，社会生活愈益丰富多彩，服装作为时尚的主要内容，势必在流行的信源和信道上发生变化，既可以竖传，也可以横传。具体到竖传上当然已无所谓哪一部分是精英阶层了。所以，美国社会学界在20世纪60年代，提出服装流行都是“向下漫流”的理论。

综上所述，服装在垂直式纵向流行时，可以将其分为自上向下逸散和自下向上浸润两种流向。如果以“瀑布式”形容自上而下的流行，那么，就可以用“泉水式”形容其自下而向上的动势。将上与下、高与低的圈层作为时代的重新划分，也为此项论述提供了先决条件。

1. 皇族、贵族为服装源，向下逸散

这是古代和近代服装流行中最普遍、最常见的一种流向。因为皇族和贵族拥有权力及丰厚的物力与人力资源，所以他们有能力（包括财力和闲暇时间）去为服装的新颖而绞尽脑汁。当然，如果仅从现代的服装概念去论述古代皇族的影响，似乎不准确，但要从服装考古去探讨服装的流向问题，古代和近代部分将是不可缺少的。

法国路易十六的年轻的王后玛丽·安托万内特，曾成为她那个时代服装新潮流的领导者。她喜欢各种新头饰，并热衷于头饰的创新。出于狂热的情绪，她还给那些奇异的头饰式样起了很多怪诞的名字，如“刺猬式”、“半刺猬式”、“疯狗式”和“懦夫式”等。每一种新头饰创造出来以后，便迅速在贵族乃至平民之中流行开来。尽管完成一件头饰往往需要几个星期的时间，但是人们仍然乐此不疲。

2. 社会崇拜偶像为服装源，向下逸散

现代非宫廷皇族也非贵族但又被全社会崇拜的人，是某一时期被瞩目的对象。尤其在青年人心目中，往往是超过一切亲属甚至父母师长的偶像。这些人有些是在体育运动会上显赫一时的出色运动员；或者是在某一部，也可以是几部电影中演红的明星；或者是作为王室成员的朋友、情人。总之是在大众中知名度较高，在公开场合经常露面的人。他们的另一个共性是其容貌、体形或技能上具有某种魅力，再一点共同具备的是宽裕的金钱。所有这些条件，使他们在有意无意之间成了服装潮流的主宰者和带头人，同时又以居高临下的优势使某一服装，或某一着装习惯牵动着无数追求者的心。

电影的兴起和普及，更使这种明显效应的服装流行打破了国界与洲界。人们对服装的兴趣远比对其国家的风土人情更为浓厚和强烈，而且对服装和着装方式的吸取，也比了解剧情含义更为容易。

图 5-21 影视明星成为服装流行源头之一

路易十五的情妇蓬巴杜夫人和巴里夫人对服装式样的影响很大。我们虽不能将其称为王室成员，但也许可以按其原有的出身算作贵族。她们知名的原因并不在于贵族出身，而是因为她们特殊的身份。裙裾长达 18 英尺（1 英尺≈0.3m）并带有鲸骨裙环的裙子、小鞋、女式阳伞、高高的头饰、香脂、香粉和饰颜片等服装和装饰品，都是蓬巴杜夫人和巴里夫人的功绩。

3. 下层民众服装向上浸润而形成的冲击波

一般说来，下层民众的服装款式变化不大，在人类文明史走过的漫长的里程中，他们的服装款式变化微乎其微。其中有几个很重要的原因，使他们很难成为服装源，更不用说向上浸润，进而成为上层社会的新潮服装了。首先他们需要进行艰苦的劳作，所以他们的服装自古以来都是以短装（俗称"短打扮"）为主，没有过多的装饰物件。再一点他们只要能够使衣服蔽体御寒，也就满足了，因为他们既没有充足的财力，也没有闲暇的时间，一般也不存在显露自我着装形象的场合。然而，事物发展不总是单一的，服装流行也同样不会只限于上层对下层的波及与逸散。

众所周知的例子莫过于牛仔裤。单从服装名称看，就是十足的下层民众的服装。当然，其形成服装的过程和服式命名也没有这么简单。1850 年，美国的巴伐利亚移民李维·斯特劳斯在淘金热中用帐篷布制成工装裤，卖给西部淘金工人。当初因为其布料坚固、式样合体、便于劳作，而受到劳动者的欢迎。1874 年，裤子的袋角上被钉上金属铆钉，从实用功能来讲，无疑是较前更为坚固耐穿了，它成了名副其实的工装裤，很快受到美国西部牧童的喜爱，因而被下层民众戏称为

"牛仔裤"。直至20世纪50年代，牛仔裤在美国正规企事业单位中还常遭白眼。但是，年青一代似乎以一股逆反心理来向社会正统势力挑战。在马龙·白兰度主演《欲望号街车》之后，牛仔服作为电影主人公的特色服装，最终与现实社会上的青年人思想产生了共鸣，于是牛仔裤风靡世界。

(二）横向水平移动

横向，即抛弃社会成员等级区别的流向。在这里专指服装在水平面上所发生的变异状态。这种状态既然无所谓高低、上下，也就直接可以按人们居处的方法进行分流的动态区分，如：中心向四周辐射、沿交通线向两侧扩散、边域向内地推演、邻近地区互为影响渗透。总之，这种服装流行的横向水平移动，可以突破人们着装习惯的一些分支系统之间的界限，使整个社会生活中的着装习尚和审美水平取得同质性增加与提高。

图5-22　世界性的牛仔风格

就服装流向的分类而言，垂直是依据人的等级划分，水平则是依据人的生活区域划分的。与服装的垂直流向相比较，水平流向更显示出形式的多变与圈层的不稳定，因而也就更加表现出服装社会性的必然与必需。

1. 中心向四周辐射

这种服装流向的普遍特点是从首都向周围小城市，从城市向周围乡村的辐射。无论国之大小，首都总是一国的心脏，政治、文化、经济的中心肯定是在首都，对外交流的集中和多融都出现在首都，国内的区域特产和文化传统也都汇集到首都，这就为服装的诞生和推陈出新提供了充裕的物质条件以及社会条件。

古老中国的首都，旧称京师，是衣冠文物荟萃之所，是主要的服装变异策源地。《后汉书·马援传》中写道："城中好高髻，四方高一尺。城中好广眉，四方且半额。城中好大袖，四方全匹帛。"唐代诗人白居易在《时世妆》中的描述，也突出了这种特征："时世妆，时世妆，出自城中传四方，时世流行无远近，腮不施朱面无粉……”这些文学作品形容服装流向，即新式服装的横向移动的特点，虽然受到诗这一特定文学体裁的限制而显得过于简略，但是从寥寥几句中看到新式服装和面饰从中心向四周辐射的势不可当，却是非常形象的。

在欧洲和美洲，巴黎、伦敦、米兰、纽约四个服装中心，以别国难以匹敌的实力和号召力，起着自中心向四周辐射的服装流行的特殊作用。其中“花都”巴黎是法国的首都，而法国在进入 17 世纪时已经发展为一个专制制度极盛的国家。宫廷服装和贵族服装登峰造极的奢侈与豪华，都为巴黎成为服装中心奠定了基础。

巴黎的文化环境加以发达的纺织工业，特别是贵妇亲自主持服装沙龙，形成了以沙龙为导向的服装流行网络。这也培育了高明的服装设计人员，以适应服装的社会需求。巴黎的服装从这一中心地向四周辐射，吸引了欧美各国的豪绅巨富来巴黎旅游、购物，显示时髦的服装，因此，又从四方来的购买人流中，形成了对巴黎服装业的强有力的积极的刺激，奠定了巴黎世界服装中心的地位。

图 5-23　巴黎服装店面——KENZO

2. *沿交通线向两侧扩散*

交通线，是人类各区域间借以沟通的网络。从部落与部落之间、村庄与村庄之间的通路，到跨越洲际、串联十数国的文化经济商道，只要是有人来往并从事有意交流的通道，都构成交通线。至于说行于交通线上的交通工具，除了步行之外，可以是马车、牛车，也可以是骆驼、马匹，甚至可以是狗拉的雪橇。而现代社会的大交通线上，多跑着火车和汽车。不管其工具的性能和速度如何，它们都在负载着人和货物的同时，将这一处的文明带到另一处，而且不仅是带到目的地，沿路即播撒着文化的种子。就在这来来往往的车辆、马匹上，文化得到了传播，又得到了融合。特别是沿途的居民，较之非交通线两侧的居民来说，视野总是要开阔一些，信息掌握早一些，意识也就相对地先进一些。那么，服装作为最引人兴趣而又人人不可缺少的日用品兼艺术品，更易于被交通线两侧的人民先睹为快、先穿戴而成为时髦了。

古往今来，在服装横向水平移动的形态中，交通线两侧居民受其感染，进而引起服装变化、发展的例子非常多，最有代表性的可谓闻名世界的“丝绸之路”。丝绸之路东起中国的古都长安，分南北两路过阳关和玉门关，越过帕米尔高原到印度；也可横穿伊朗，从伊拉克出叙利亚，终止于土耳其古城——伊斯坦布尔。近年来，波兰考古学家根据当地出土的丝绸等文物提出新观点，认为丝绸之路应该是西止于波罗的海，而日本学者则认为丝绸之路的东路应延伸到日本奈良。

欧亚大陆上的十字军东征也使十字军官兵在八次远行、历时 200 年中广泛接触了东方国家的文化，即今土耳其、叙利亚和巴勒斯坦等地的风土人情和服装工艺。而十字军所到之处，其服装也引起了沿途人民的兴趣。如圆饼形装饰的头冠，是十字军的重要标志之一。这种圆饼形装饰最初是用以保护帽盔免受风吹雨淋的，同时还可保护眼睛不受阳光刺激。沿途人民吸收以后，又逐渐演变，出现很多样式的圆饼装饰，到了 13 世纪和 14 世纪，已成为多处人民外表装束中的重要组成部分了。

3. 边域向内地推演

对照交通线来讲，边域相当于一个面的边缘。当沿着交通线在两侧形成无数服装光点时，这光点便如同光束一样向远离交通线的区域延伸，进而将服装的新款式、新风貌推演到更为闭塞的内地。而且，边域的服装往往具有鲜明的地方特色，甚至保有其传统，在内地人看来引为新款的服装，极易吸引内地人。于是，又形成一个服装水平移动的星罗棋布的新局面。

很多服装的形成是由于接受了外地、外国的影响而产生，而沿海地区由于海上贸易的繁盛，极易近水楼台先得月。相比之下，内地人欲想得到外域人的新式服装，大多是要依靠沿海地区人民的传播。中国明代海上贸易发达，江南几个港口成为接受西方新文化的重要区域；清代中叶海禁大开，很多当时的所谓奇装异服（特别是面料，如琐袱——一种毛织物等）都是自海上运到今日的香港、澳门，再运到广州、宁波，然后北上，到达蓟北，再四处扩散。这是服装流向中异常活跃的一股支流。

4. 邻近地区互为影响、渗透

相毗邻的地区，大至国家、小至村庄的人们互相学习、互通有无，是非常自然而且不需十分费力的事。欧洲各国在服装流行中，总是某一种新款式在一个国家刚刚出现，便会迅速传到毗邻和靠近的国家。就是一个国家以内，也是邻近的城市或乡村的人首先受到影响。

历史上，中国和日本就因为相邻而很早便开始了文化交流。中日的区域邻近程度被形容为“一衣带水”，这无疑为服装的传播和渗透确立了有利的地域条件。公元4～7世纪的日本古坟时代，日本皇族开始接受中国的文化，改原来的男子“衣横幅，但结束相连”和女子“贯头衣之”的服装样式而开始穿用上衣下装分开的衣服，女式称“衣裳”，男式称“衣裈”。日本的飞鸟时代和奈良时代（公元710—794年）相当于中国的隋唐时期，中日两国文化交流达到高潮，中国服装习俗给日本服装以巨大影响。雄略天皇十二年，日本人曾派人来中国江南聘请裁缝技工。来到中国的遣隋、遣唐使节又在回国后积极宣传在华见闻，力主服装革新。加之早在文武天皇大宝元年（公元701年）时制定的《大宝律令》，就决定了制衣用冠都要仿效中国，确定了着装的服制，致使至弘仁九年时（公元818年），曾经来唐学习的菅原清公奏请朝廷规定天下礼仪、男女衣服悉仿唐制，比先前更为彻底和坚决了。

交流是双向的。与此同时，在中国《魏志·倭人传》中也记下了日本衣料传入中国的事件。文中载：“孙明帝景初二年（公元238年）倭女王卑弥呼派使臣来魏，所献礼品中有斑布二匹二丈。”虽然说日本的缫丝技术是由秦汉时移居日本的中国人所传授的，但是日本土布还是明显带有特殊东瀛文化风格的。唐代诗人李白在一首题为《送王屋山人魏万还王屋》诗中写道：“身着日本裘，昂藏出风尘。”关于日本裘，李白自注说“裘则朝卿所赠日本布为之”。朝卿即日本人阿倍仲麻吕。这首诗间接地记录下这一史实，日本布在唐时已流入中国，只是今日难知日本布做成的裘是什么样子，是纯正的中国式样呢？还是明显带有日中“嫁接”的痕迹？再便是已经形成日本服装风格的服式了？这种邻近国家间服装的影响和渗透是极为普遍存在的现象。

（三）循环流动

服装流行过程中不只限于竖向垂直运动和横向水平移动，如果将全人类服装流行现象做个总结的话，会清楚地发现还有一种立体的流向，它是呈循环流动线路，可以是立体交叉的，也可以分别为垂直的往复和横向的回转。其中最明显的一个特征，即为它几乎没有起点与终点，无论高低与远近，都不是单向进行的，总是进行到一定区域或程度或等级时便又回转来，往往不顺原路，却沿着也许是原始的起点又重新进入了流行的轨道。

阶层之间，即竖向的流行中出现循环流动的最形象的例子，莫过于民间总结的一句俚语："贫学富，富学娼。"这是人民在长年目睹服装流行现象之后，一句高度概括的富有生命力的语言。

一般来讲，下层人士的眼睛总是盯着上层人士那日新月异的服装，他们总是想尽办法去达到一种理想的着装形象的高度，去谋求社会上对己身的某种认同。这在前面的章节中已经接触到。有趣的是，当富足的上层人士穷奢极侈到无以复加的地步时，又从下层出卖色相的人们身上发现了新奇的着装方式或具体服装饰物。出卖色相的女性，欲获得更多的收入或较为突出的地位，不是靠某种技艺，而主要靠外貌。于是，当她们那不甚拘谨且不甘保守的服装吸引了贵族妇女和士庶官宦人家的女眷时，极易被偷偷学去，悄悄试穿，然后越来越公开化。直至成为正式的上层人士的服装，再不被正统势力指责时，就彻底摆脱了下层服装的阴影，虽然同时已失去了服装的意义与价值。

再一点表现为区域间的循环流动。它有些类同于邻近区域的互为影响和渗透，但是它又与前者绝不等同。循环流动需要从A国流传到B国，又从B国流行到C国……如此传播下去，竟使F国的几经变异的服装又传回到A国，重新为A国人惊叹不已。因为这种服装在沿途已经融进各种文化与技术，当它再回到发源国时，绝不是刚刚从发源国传出的造型与款式，甚至面目全非，实际上却又保留其影响痕迹。

循环流动中还会出现一种流程中的往复现象，即所谓的螺旋式上升运动，这涉及服装流行中的周期循环现象及因素，是一个值得深入探讨的文化心理的问题。

三、服装的流速

服装的流速有些类似水流，它的流量与流速也是受到种种社会因素的制约，也许正因此才会有跌宕起伏，才不致毫无生气与激情。不过服装流行趋势毕竟不同于河水。其最大区别在于流向，就是说，河水大多奔腾朝着一个顺向，即使分成若干支流，最终也汇合一起，浩浩荡荡向近海奔流而去。服装却不然，它还有往复，它一旦分成多股支流，这些支流就不一定再汇合，相反会各自形成大河或湖水。

根据服装流速的特点，我们将其分为渐变、突变、跳跃之后趋缓和变异之后反弹四种形态。

（一）渐变

渐变是服装流行中最自然又最普通的一种流速了。它是由服装的部分改良和美化而形成的，一般出现在社会相对稳定的文化背景下。人们在较为平和的气氛下接受新事物、新模式，或在没有强大外力冲击的情况下进行选择。尽管在一段时间里会接受很多新事物、新模式，但不会去追随所有的新鲜事物。选择、吸取、模仿的过程是在自觉与不自觉之间进行的，因此出现了一种表现在服装流行上的循序渐进的态势。这样一来，流行在动态社会中完成了在静态社会由习俗来完成的社会功能，它使人们在缓缓的渐变的服装流行趋势中，取得了同步性。

中国的旗袍渐变过程与此大同小异。旗袍之旗原指满族人，满族人早先生活在中国东北部，穿着的长袍长度至脚底，袍下只能露出木底鞋的高跟部分。身上呈直筒状，不开衩，长袖，无领，外加小围巾。后来随着时代的进步，本土文明与西方现代文明频繁撞击，加上中原女子的上衣下裳中间束腰等很多因素影响，促使满汉两族妇女穿起了改良旗袍，先是袍身缩短，至踝骨处，后来才又至膝下。袖子也是先向肥口样式发展，进而改成半袖，后来索性不要袖子了。由直筒改成有腰身，而且下端两侧开衩。其他领、襟部位也是不断地变化。这绝不是某一人一时心血来潮所致。旗袍在 20 世纪初叶到 40 年代，又走过了一段渐变的过程，其间常有反复。

图 5－24　旗女的达拉翅与长袍

图 5－25　20 世纪前半叶的旗袍

图 5－26　穿旗袍的影星胡蝶

而当社会长期动乱时，人民生活困苦，文化停滞，服装的流速也会变缓慢，因而变异很小。这是因为人民衣食尚且不足，根本谈不上大的改善。不过，服装同文化一样，绝不会原地不动，即使表面上看好像没有什么变化，其实也是在小范围和细部上出现微小的变化，以便适应社会生活的需要。

服装的渐变引起服装的改进，就相对意义而言，也应称之为时装。

（二）突变

中国古诗中有一名句："忽如一夜春风来，千树万树梨花开。"诗人本来是形容寒冬的一场大雪，但是我们也可以用它来形容服装突变时所呈现出的"快潮"景象，其令人惊讶、令人狂喜、甚至令人感受到迅雷不及掩耳的情景，确酷似那一夜大雪挂满枝头的诱人景色。

服装突变的因素很多，概括起来主要是社会经历大的变革，导致服装突然涌入某国、某地，以铺天盖地之势弥漫了这一个区域。当然，它也许很快便销声匿迹了，充其量不过是"昙花一现"。但是突变的事实在历史上，或缩小到服装文化的演变史上，却是实实在在地打了一个惊叹号。而且会在流行高潮以后，以残存痕迹遗留下来，作为以后服装的某一个结构组成部分而永远记下那快速的一瞬。

工业大革命的成果，如缝纫机应用在服装行业上，导致服装设计制作上的变化往往也是以其新奇的造型风格风靡天下。再有某一设计师独出心裁的设计会引得人人效仿，这样的例子在服装演变史上也层出不穷。

服装流行中的突变现象不如渐变现象普遍，但它作为社会化的产物既不可避免也无法抑制。

（三）跳跃之后趋缓

服装流行过程中的跳跃属于突变，其性质与表现也与事物突变过程一致。需要探讨的是，服装流行中快速的、大幅度的跳跃并不常见，并不是频频出现在服装现象的流程中。长期闭塞偶然发现新服装，因而表现出急不可待，而且所引进的服装确实距原有传统服装的风格相去甚远，因而产生跳跃。这仅是其中的一种原因。再一个往往是渐变而形成的积累，长期停滞和长期酝酿都可能产生一个大的跳跃。

跳跃不是恒常的，它只能说明一次服装流行中的大的变动，但绝不会持续跳跃。跳跃之后必然有一段相对稳定的趋缓阶段，如前面讲过的“新式样”裙、“夏奈尔套装”和“超短裙”都在一度冲击了原有传统，引起大的轰动效应以后，影响了欧洲服装界几十年。当时的新式样达到服装临界线后也慢慢变成了传统的款式，或者说变成了古典的设计。

趋缓是渐变性的积累，长期趋缓以后必然会有新的跳跃，再趋缓，再跳跃，这几乎成了服装流行中亘古不变的真理。

（四）变异之后反弹

纵览服装的造型变异，人们会惊异地发现，某种新潮服装在大面造型上竟是前代服装的再造或重现。其中一种是顺向推移，如欧洲路易十六时代的高跟男皮鞋，使20世纪80年代青年足下生辉；法国贵族妇女的花边袖长裙，为当代女性所欣然穿着。另一种是性别转移，如中世纪欧洲公爵男式紧身裤，令今天青春女性模仿而增加健美气息；20世纪初的男子斗篷，也披在几乎百年后的少妇身上。这都是旧装（古装）一变而为服装的现象。我们可以称它为服装流行过程中的变异后反弹。

发型也总与衣服一起，成为服装的一部分。汉代末年，权臣梁冀曾骄横跋扈，并善于设计发明新式服装。他的妻子孙寿，在《后汉书》中被记为“色美而善为妖态，作愁眉、啼妆、堕马髻……以为媚惑”，引起“诸夏皆仿效”流行开来。晋亡以后，此发型随之被各种新发型所取代。到了唐代，堕马髻重又流行。白居易《代书诗一百韵》中写：“风流夸堕髻，时世斗啼眉。”自注：“贞元末，城中复为堕马髻、啼眉妆。”这大概是以复古为时尚的一个实例，尽管唐代再梳出的堕马髻不见得就是汉代孙寿所梳的原样了。

旧有的服装经过变异之后，重又反弹回来成为新的服装，这在服装流行过程中是很难总结出其确切的流速的。但是这种时间过程，与其说是潜性演化过程，是变异反弹过程，还不如说是曾有一段遗忘过程。忘记了过去的旧，也就成为今日发生的新。“推陈出新”可以构成服装，“用陈出新”同样可以构成新潮服装。

变异后反弹的服装现象，看来是复古，实效是创新，它在服装流行过程中，也占有一定的比重。

课后习题

一、名词解释

1. 设计

2. 服装人体

3. 流行的横向水平移动

二、简答题

1. 举例说明设计的分类。

2. 试析色彩对服装设计理念表达的作用。

三、进阶思考题

信息时代服装流行的特点是怎样的?

基础理论——

服装结构与服装工艺

课题名称： 服装结构与服装工艺

课题内容： 服装结构
服装工艺

上课时数： 3 课时

训练目的： 使学生了解服装结构的相关概念，对人体的构成有一定的了解并能进行基本的人体测量，对服装工艺的构成与相关环节有一定的了解。

教学要求： 1. 使学生了解关于服装结构的基本知识
2. 使学生对服装工艺的各个环节有清晰的印象

课前准备： 阅读服装结构与服装工艺的相关书籍。

第六章　服装结构与服装工艺

第一节　服装结构

要想将设计实体化，首先要对服装结构有一定的了解。衣服是要穿在人身上的，而人体是一个曲面的立体结构，它有着不同的凹凸和围度，如以平面的布料围绕，有多个不规则曲面的人体势必不会贴合。而通过服装结构的分解，将凹凸的人体用几个不规则的平面展现，就得到了人体结构的平面展开图。

一、服装结构的基本概念

服装结构的基本概念用一句话讲，就是将人体的各个曲面分解，从而得到多个平面的结构；这些平面的展开图如果以工艺手段组合起来，就得到立体的服装结构。

二、人体构成与人体测量

（一）人体构成

从大的层面划分，人体分为头、躯干和四肢。从较细的侧面划分，根据人体外形特征及关节活动等特点，可将人体划分为头部、颈部、肩部、胸部、腰部、腹部、臀部、肩端部、上臂部、手肘部、下臂部、手腕部、手部、胯关节部、大腿部、膝部、小腿部、脚腕部、足部。

（二）人体测量

想要得到准确的服装结构板型，必须先进行一些基础的人体测量。这种测量主要分为人体测量基准点和人体测量基准线两部分。

1. **人体测量基准点**

①颈窝点：人体前中颈、胸交界处。

②颈椎点：人体后中颈、背交界处。

③颈侧点：人体颈侧中央与肩交界处。

④肩端点：人体肩关节突出处。

⑤胸高点：人体前胸两侧最高点。

⑥背高点：人体后背两侧最高点。

⑦前腋点：人体前身上臂与胸部交界处。

⑧后腋点：人体后身上臂与背部交界处。

⑨前肘点：人体上肢肘关节前端点。

⑩后肘点：人体上肢肘关节后端点。

⑪前腰中心点：人体前身腰部正中处。

⑫后腰中心点：人体后身腰部正中处。

⑬腰侧点：人体侧身腰部正中处。

⑭前臀中点：人体前身臀部正中处。

⑮后臀中点：人体后身臀部正中处。

⑯臀高点：人体后身臀部两侧最高处。

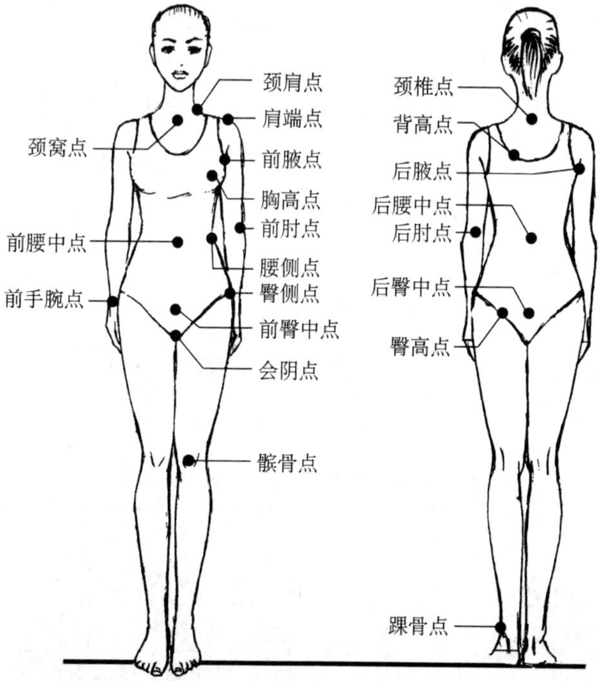

图6-1　人体测量基准点

⑰臀侧点：人体侧身臀部正中处。

⑱前手腕点：人体上肢手腕处前端点。

⑲后手腕点：人体上肢手腕处后端点。

⑳髌骨点：人体下肢膝关节外端点。

㉑脚踝点：人体下肢脚腕部外侧正中处。

2. 人体测量基准线

①颈围线：连接前喉结以下 2cm 与后颈椎点的水平线。

②颈根围线：颈根底部围线，经过颈窝点、颈肩点与颈椎点。

③胸围线：经过前胸胸高点的水平围线。

④腰围线：腰部最细处的水平围线。

⑤臀围线：臀部最丰满处的水平围线。

⑥中臀围线：腰部至臀部二分之一处的水平围线。

⑦前中心线：由颈窝点经前腰中点、前臀中点的竖直线。

⑧后中心线：由颈椎点经后腰中点、后臀中点的竖直线。

⑨侧中心线：经过腰侧点、臀侧点与踝骨点的竖直线。

⑩胸高纵线：经过胸高点、髌骨点的人体前纵向线。

⑪背高纵线：经过背高点、臀高点的人体后纵向线。

⑫肘围线：经过前、后肘点的肘部水平围线。

⑬臂围线：上臂最丰满处的水平围线。

⑭前肘弯线：由前腋点经前肘点至前手腕点的手臂前纵向线。

⑮后肘腕线：由后腋点经后肘点至后手腕点的手臂后纵向线。

⑯大腿围线：大腿最丰满处水平围线。

⑰膝围线：经髌骨点膝盖部水平围线。

⑱腕围线：经前、后手腕骨点水平围线。

⑲臂根围线：臂根底部经前后腋点的水平围线。

下表则列出了人体测量主要部位的中英文名称。

人体测量主要部位名称中英文对照表

部位名称（中文）	部位名称（英文）	部位名称（中文）	部位名称（英文）
胸围	Bust Girth	前胸宽	Front Bust width
腰围	Waist Girth	后背宽	Back Bust width
臀围	Hip Girth	横肩宽	Shoulder
袖长	Sleeve Length	领围	Neck Girth

续表

部位名称（中文）	部位名称（英文）	部位名称（中文）	部位名称（英文）
前衣长	Front Length	后腰节长	Back Waist Length
后衣长	Back Length	侧缝长	Side Seam Length
胸点	Bust Point	外臂长	Overarm Length
胸围线	Bust Line	内臂长	Underarm Length
腰围线	Waist Line	大腿围	Thigh Girth
臀围线	Hip Line	小腿围	Calf Girth
袖窿	Arm Hole	脚踝围	Ankle Girth
前中心线	Front Centre Line	肘围	Elbow Girth
后中心线	Back Centre Line	腕围	Wrist Girth
前腰节长	Front Waist Length	立裆	Crotch Depth

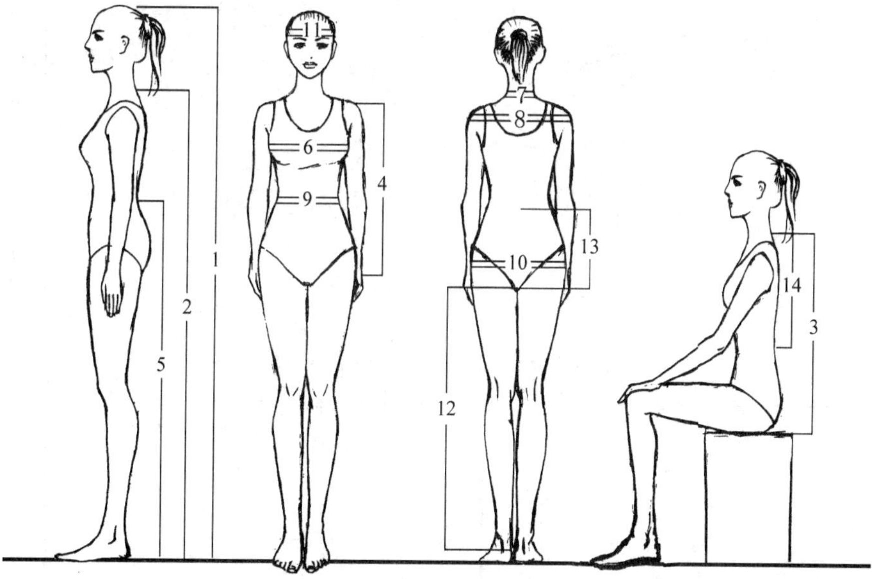

图 6-2　人体测量基准线

1—身高　2—颈椎点高　3—坐姿颈椎点高　4—全臂长　5—腰围高　6—胸围　7—颈围　8—总肩宽　9—腰围（最小腰围）　10—臀围　11—头围　12—下裆长　13—上裆长　14—背长

三、制板与推板

（一）制板

进行制板一般可以通过两种方法，一是立体裁剪法，二是平面裁剪法。关于它们的定义我们在第一章已有叙述。平面制板是以特定工具绘制服装款式的平面展开图的过程，是服装结构中最为重要的一环。一般通过原形法和比例法得到板型，比较常用的是前者。原形法是在基础原形的基础上（基础原形通过对人体胸围、腰围、臀围、背长等基本尺寸计算出基础的数据得到）结合具体的款式要求进行相应的变化得到款式板型，如图 6－3、图 6－4 所示。比例法是以胸围、臀围等尺寸为计算的基数，并以此为基础按照一定的比例得到其他部位的尺寸来得到板型的方法，如图 6－5 所示。

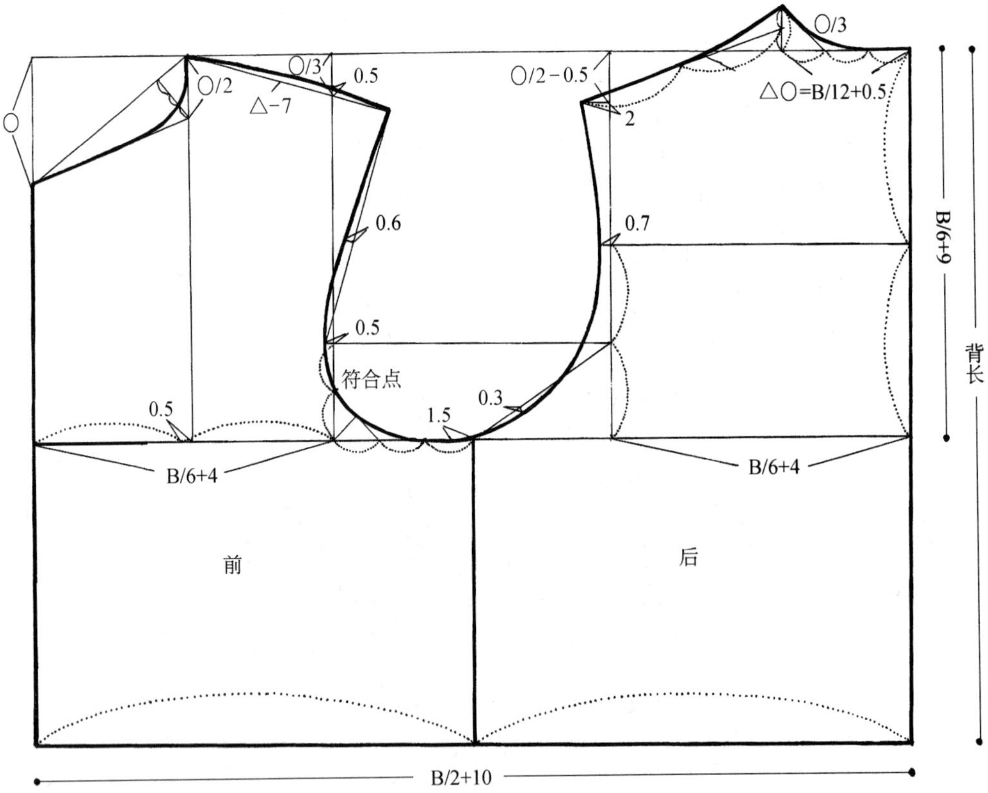

图 6－3　男装原形图（制图：郭春良）

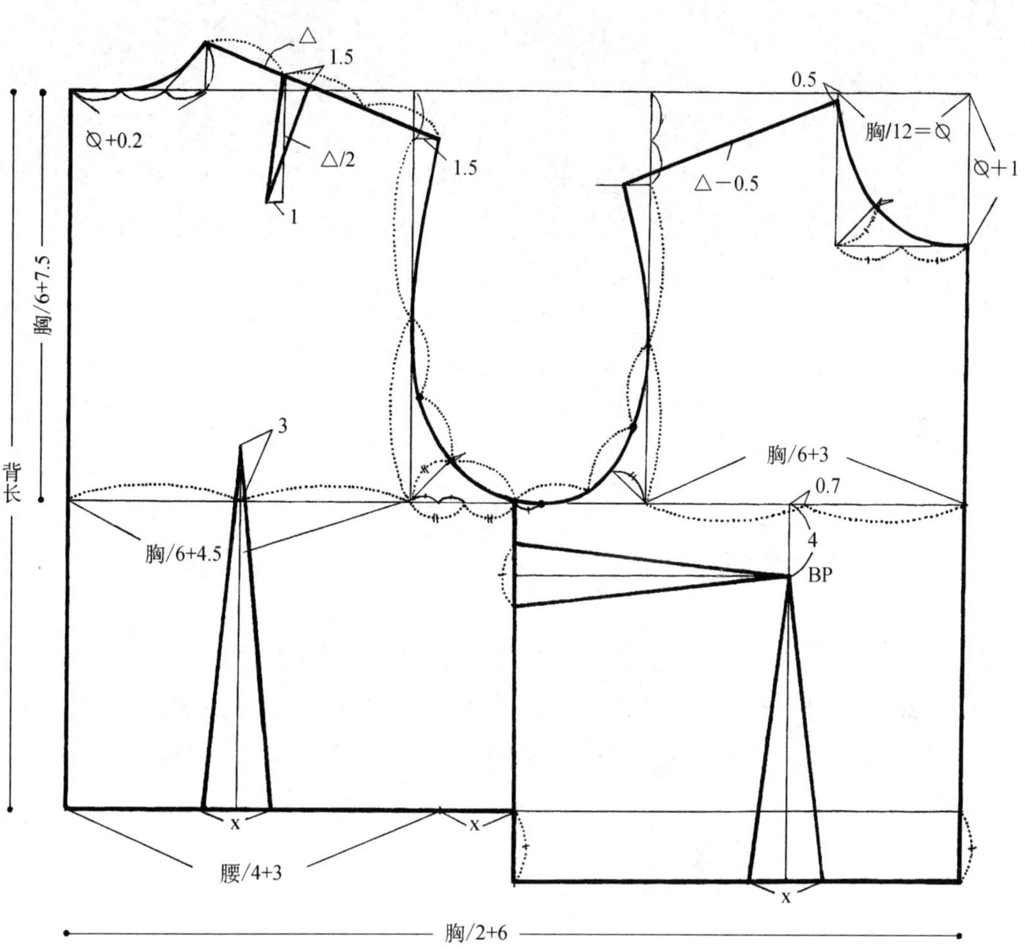

图6-4　女装原形图（制图：郭春良）

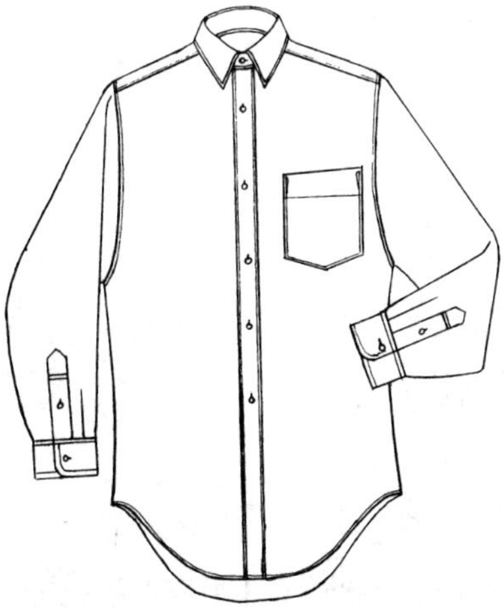

图6-5　男衬衫款式图（制图：郭春良）

(二) 推板

在服装工业生产中，通过打板得到的基础板型一般为中间板型，考虑到服装受众不同的高矮、胖瘦和体型特征，我们还要以这套中间板为基础通过推板得到不同的板型，获得针对不同体型特征的多个尺寸。

第二节 服装工艺

一、服装工艺的基本概念

服装工艺是在得到服装结构的板型后，将其复制在面料上（一般为纸板），沿纸板边沿将板型画在面料上，并按要求留出一定的缝份，然后进行裁剪，得到裁片。将这些裁片进行缉缝后进行熨烫和整理，这就是服装工艺的基本内容。

二、服装工艺组成

(一) 裁剪工艺

1. 制定裁剪方案

在制定裁剪方案时，首先要决定某批生产任务需要在几个裁床上完成，每个裁床铺几层面料，每层面料上排几个规格，每个规格排几件，务求找到最省工省料的方案以减少浪费。

2. 排料划样

按照确定的裁剪方案将裁床上所有衣片样板按照一定规则进行排列，在尽量提高面料利用率的同时，也要把裁剪的难易程度等加工因素考虑进去。

3. 铺料工序

当排料图被确认无误后，按照排料图的尺寸和裁剪方案所确定的层数将面料平铺到裁床上，用相应的裁剪工具将面料裁成所需衣片。

4. 验片、打号与分包

为了保证裁片的质量，经裁刀裁出的衣片不能立即送至缝纫车间，还应检查所有裁片是否符合裁剪工艺要求，如上下层裁片尺寸是否有误差。为防止各匹面料存在色差，或同匹面料存在色差，需要对裁片进行打号，以确保同层同规格的裁片缝合在一起。

5. 黏合工序

为使服装外观挺括美观，在某些部位需黏合上相应的黏合衬布。裁片在进入缝制车间之前，应使用黏合设备对需要黏合衬的裁片进行黏合加工。

（二）缝制工艺

1. 机器缝制

机器缝制的特点是力道均匀、针脚一致，在规格上整齐划一，但缺点是没有手工缝制中花样繁多的种类，以下是几种基本的机器缝制方法。

（1）平缝

平缝是最基本的机缝工艺，是将衣片的正面相对，在反面沿着缝份将其缝合。

（2）分缉缝

将平缝的缝份劈开熨平整，在两边按要求的尺寸各缉一条明线。

（3）坐缉缝

将平缝的缝份向一侧熨平整，在正面缉明线。

（4）卷边缝

将衣片的边缘沿缝份折一次后再折一次后缉缝，一般用于衣服的收边。

（5）来去缝

将两个衣片的反面相对，留少许缝份平缝，然后在衣片的反面沿着缝份线再缉一条明线。

（6）咬合缝

通过两次缉缝将双层布料的毛边包在缝在里面。

（7）搭接缝

将两个衣片搭在一起进行缉缝叫做搭接缝。

（8）落漏缝

将平缝之后的缝份分开，在分开的缝隙中缉缝的方法叫做落漏缝。

2. 手工缝制

手工缝制主要分为常用手针工艺和装饰手针缝制工艺。

（1）常用手针工艺

①起针结。在手缝开始前在线的末端打的结叫作起针结。它的作用是防止缝线被拉出。一般来讲，线结要小，线头要短。

②回缝针。先向左缝一针，然后向右退一针，再向左缝一针，如此循环。可

分为全回针和半回针两种。这种针法的线迹有弹性，稳定性较好。

③叠针。把面料与里布按照缝份的量缝在一起的针法叫作叠针，针距一般在3～4cm。要注意的是不要把衣片缝住。

④平缝针。打好起针结，在布的右侧从反面扎一针，然后从右向左均匀地缝，连续缝七八针至十几针后，针快被布盖满之后将针抽出拉线，如此往复。多用于缝合衣片、袖山吃量、固定等。

⑤擦（zhāi）。擦又叫扎擦。从右向左缝，表面浮线长，反面的线迹较短，针码可根据需要调整，一般在1～4cm之间。多用于固定某个部位，完工之后要将缝线拆掉。

⑥打线钉。把画在衣片上的省道、衣袋的位置准确地标记在衣片下层的针法叫做打线钉。打线钉一般用不光滑的棉线，以防脱落。有双线单针或单线双针两种针法。

⑦纳针。纳针也称八字针。把两层或两层以上的布缝在一起的针法。多用于纳鞋底和纳西服的驳头、领子。

⑧钩针。钩针也称回针，是一种运针方向进退结合的针法。有顺钩针和倒钩针之分，顺钩针主要用于毛料裤子的后裆缝及下裆线的上部分。倒钩针主要用于高档上装的袖窿弯边或领口的缝头处。

⑨拱针。拱针也称攻针，是一种将服装多层织物用细小的点状线迹固定的针法。多用于西装的止口、驳口的边缘，手巾袋的封口以及毛呢服装不缉明线而需要固定的地方。

⑩扳针。扳针是一种进退结合的针法，自右向左运针扣住止口，第一针由下向上从缝份上刺出，再向右斜方向进针，向左从缝份处缝出。多用于服装边缘，起到固定的作用。

⑪扳三角针。也称“花绷三角针”，在折边处是一个“X”形线迹，而衣片表面仅留细小的点状线迹。缝三角针时缝线应选用与面料同色或近似色。多用于服装的折边口。

⑫环针。也称甩针，是一种将服装衣片边缘的毛丝扣压住，而不使其散乱的针法，用于防止衣片的毛边脱丝。

⑬缲（qiāo）针。把布边向里卷，然后缝起来，正面不露针脚的缝法叫做缲针。它的针法包括明缲针和暗缲针两种。

⑭贯针。也称通针，是一种将缝针暗藏在衣服边缘折缝中的针法。多用于服装夹里底边、袖口、裤脚和衣摆等处。

⑮锁针。是一种将缝线绕成线环后串套，把面料的毛口锁绕住的针法。多用于锁扣眼、插花眼以及装饰性的服装绣边等。

⑯拉线套。拉线套是一种在衣片上以连环套线迹套成小襻的针法，常用于纽襻、腰襻、大衣等的底摆，使活里与面料相连。线的颜色一般选用与面料和里料颜色相近的丝线。

⑰打套结。打套结是一种类似锁针般在缝线上打结的手缝工艺。主要用于中式服装的摆缝开口和袋口等部位，能够增强牢度，并具有一定的装饰作用。

⑱钉纽扣。用于钉缝的纽扣一般分为实用性和装饰性两种。实用性的纽扣在钉缝时要与钮孔相对和。钉纽扣时，底线要放出一定量的松度，用作缠绕纽脚。装饰性的纽扣与纽空没有关系，因此钉纽扣时线要拉紧。最为常见的四眼纽扣一般有平行、交叉和方形几种穿线方式。

⑲制包扣。将布按照纽扣直径的 2 倍剪成圆形，用双线在它的边缘拱缝一周，塞进纽扣或其他硬质材料将线均匀的抽拢固定。

⑳钉钩扣。手针缝钩扣时钩的一侧要缩进，扣的一侧要放出，以使钉好的钩扣钩上后使衣片之间没有空隙。

（2）装饰手针工艺

①杨树花针。也称花棚针，针迹长短一致，图案顺平，可分为一针花、二针花和三针花。

②串针。绣针作行针针迹，再用绣线在其间穿过。多用于女装和童装的门襟、止口及衣袋袋口的装饰。

③旋针。旋针的针法是隔一定距离打一套结，再向前运针，如此往复，形成涡形线迹。多用作花卉图案的枝干。

④竹节针。刺绣时将绣线沿着图案线条，每隔一定距离作一线结并绣穿面料。多用于刺绣各类图案的轮廓线。

⑤穿环针。刺绣时先作绗针，然后在针距空隙中用另一种色线补成回形针状，再用第三种色线穿绕成波浪状，最后用第四种色线如上法穿绕，补充波浪线迹的空白，组成连环状。

⑥链条针。也称锚链针。链条针的针法分正套和反套两种。正套刺绣时先用线绣出一个线环，再将绣针压在绣线后运针，做成链条状。反套法先将针线引向正面，再在与前一针并齐的位置将绣针插下，压住绣线，然后在线脚并齐的地方绣第二针，逐针向上。可用作图案的轮廓线刺绣。

⑦绕针绣。刺绣时先绣回形针迹，再用线缠绕在原来的线迹中，产生捻线的视感。多用于毛呢服装门襟边缘处。

⑧叶瓣针。将套环的线加长，使连接各套环的线为锯齿状。多用于边缘上的装饰。

⑨十字针。也成为十字挑花。十字针由许多十字针迹排列而成各种图形，有

单、彩色之分。针法有两种：一种是将十字对称针迹一次挑成；一种是先从上到下挑好同一方向的一行，然后再从下到上挑另一方向的另一行。在十字针基础上还可以改绣米字形双十字针。十字的大小要均匀，针迹要求排列整齐，行距清晰。

⑩盘肠针。刺绣时先按等距离作成回形线迹，再用另一绣线在回形针迹中穿绕作成盘肠线迹。

⑪绕针。也称螺丝针。将绣针挑出面料后，绣线在绣针上缠绕数圈，然后将针仍然刺下面料，将绣线从线环中穿过。绕成的绣环结可成长条形或环形，线环要扣得结实紧密。

⑫水草针。先绣下斜线，再绣横线和上斜线，线迹长短、宽窄要求一致，形成水草的形状。

⑬珠针。也称为打籽绣。绣针穿出面料后，将线在针上缠绕两圈，再拔出针向线迹旁刺入即成。在花蕊中打珠针要求排列均匀。用于作花蕊或点状图案。

⑭抽丝绣。在布料上抽取一定数量的经纱和纬纱，再用线在两边或四周作封针或扎牢，以使布料的纱线不致松散脱落，最后把剩下的布料纱线编绕成各种图案。

⑮雕绣。也称为镂空绣。先将布按照图案镂空，然后作包梗绣或锁边绣针法将布边包住。多用于女式衬衫和家纺用品。

⑯打揽。用手针缝的方法将布料收拢成珠子、格纹和蜂窝等造型。首先在布料上确定装饰的部分，用线拱上一行针距为 0.3cm 左右的短绗针，把它拉拢，两边线头留长一点套上后再固定，然后用彩色绣线进行打揽。

⑰贴布绣。将其他布料按照图案的轮廓剪出形状后固定在面料的布片上，四周用线（可用本色或其他色）作包梗针、锁边针或斜十字针将其扣住。多用于童装。

⑱钉珠绣。根据图案的要求可以分散地用回针刺绣，也可以成串的串钉针法。大粒的珠子图案可以用双线绣钉，扁形的珠粒或珠片可用环针针法，也可以在其上加上一颗珠粒作为封针。

⑲元宝褶。元宝褶是用手针缝法缝抽成连续的花形的带状饰物，多用于童装和女装的领、袖的边缘。

⑳蝴蝶结。将布料缝合、抽缩而成装饰性较强的像蝴蝶状的布花。多用于童装或女装。

㉑盘花扣。也称为葡萄纽，是具有我国传统风格的装饰纽扣。多用于中式或传统服装。

（三）熨烫工艺

熨烫工艺是通过给面料或成品服装高温、加湿或加压的方法，使其定型、平整。也可以用来黏合衬料和贴花等装饰。

（四）服装工艺常用工具简介

1. 测量工具

直尺、L 尺、H 弯尺、D 弯尺、方眼尺、推板尺、曲线板、软尺、比例尺、自由弯尺。

2. 作图工具

铅笔、橡皮、圆规、作图纸、描图纸、记号笔。

3. 标识工具

画粉、滚轮、复写纸、打口钳。

4. 裁剪工具

裁布剪刀、剪纸剪刀、沙剪、花剪。

5. 缝制工具

线类：棉线、丝线、明线用线、包缝线、底线、绷缝线、固缝线、钉扣线、锁扣眼线。

针类：手针、机针、大头针。

其他：顶针、锥子、镊子、针插、挖空刀。

6. 熨烫工具

电熨斗（普通电熨斗、调温电熨斗、蒸汽电熨斗）、熨烫垫布、铁凳、马凳、串板、盖烫布。

三、服装工艺 CAD 系统

服装工艺 CAD 系统主要由纸样设计、推板和排料三大模块组成，具体内容参见第七章第二节。

课后习题

一、名词解释

1. 服装结构

2. 平缝针

二、简答题

1. 制板有几种方法？板型是如何得到的？

2. 简述服装工艺的组成。

三、进阶思考题

了解人体的构成并试着进行基本的人体测量。

基础理论——

服装产业与服装生产管理

课题名称： 服装产业与服装生产管理

课题内容： 服装产业

服装生产管理

上课时数： 3课时

训练目的： 通过对服装产业发展历史和服装企业的介绍，使学生对整个服装产业有一个初步的认识；对服装生产管理体系及生产管理环节有初步的了解。

教学要求： 1. 使学生了解服装产业发展的历史

2. 使学生了解服装企业的划分

3. 使学生了解服装生产管理体系的基本内容

4. 使学生了解服装生产管理的诸个环节

课前准备： 阅读近五年服装产业年度发展报告，阅读服装生产管理的相关书籍。

第七章　服装产业与服装生产管理

第一节　服装产业

一、服装产业发展史

（一）服装产业发展概貌

作为衣食住行之首，服装产业与人们的生活息息相关。劳动密集型的服装业在中国国民经济的发展中具有重要的地位，也在很大程度上解决了国民就业、国家创汇和人们的物质、精神生活的需要。服装行业是纺织业中的支柱行业，在拉动整个纺织业的经济效益方面起到相当重要的作用，同时，也是国内消费市场中的热点。

随着社会经济的发展和人们生活水平的提高，人们对服装产品的要求也越来越高，蔽体保暖已是最低层次的需求，穿着舒适、材料环保、款式多变、个性化风格的穿着要求越来越占据了主导地位。2004 年《当代中国消费调查报告》指出，中国人的消费习惯和生活方式正表现为温饱型日益被享受和自我发展型所取代。追求时尚与形象、展现个性、发展自我逐渐成为新一代消费者的愿望，并逐渐在生活中实施。

中国是世界上最大的服装消费国，同时也是世界上最大的服装生产国。根据国家统计局统计，2003 年中国服装行业规模以上企业全年完成服装产量 98.43 亿件，比上年增长 13.76%，高于上年增长幅度 5.23 个百分点，机织服装和针织服装产量分别较去年同期增长了 11.57%和 15.45%。服装出口 520.66 亿美元，增长幅度达到 26.1%。2003 年中国全社会消费品零售总额为 45842 亿，衣着类消费品零售额约占整个社会消费品零售总额的 10%左右。

截至 2005 年，中国纺织服装的总产值约占全国总产值的十分之一，并已连续五年出口创汇顺差第一，中国作为全世界最大的服装生产加工基地，全世界每三件服装中，就有一件产自中国。

2007 年 1～12 月份，中国规模以上服装企业累计完成服装产量 201.59 亿件，其中机织服装 94.56 亿件，针织服装 107.03 亿件，与 2006 年同期相比分别提高了 14.36%、13.13%和 15.47%。规模以上企业产量约占全行业服装总产量的 39%，比上年同期提高了近 6 个百分点。2007 年全行业服装产量为 512 亿件，与 2006 年持平，其中机织服装 178 亿件，针织服装 334 亿件。

2008 年 1～3 月，累计生产服装 431 221 万件，累计同比上涨 5.87%。1～3 月份全国机织服装累计产量 198 424 万件，累计同比增长 5.93%；全国针织服装产量累计为 23 2797 万件，累计同比增长 5.81%。

服装类产品不属于耐用消费品，因此其更新换代的时间比较快，所以服装业作为一个与人们的生活息息相关的产业有着巨大的发展潜力。让我们看一组数据：据北京市统计局、国家统计局北京调查总队联合公布的数字显示，2006 年 1～4 月，北京市城市居民人均衣着支出 501.1 元，同比增长 24.1%，人均衣着支出增幅居八大类消费首位，其中人均服装类、鞋类支出分别为 353.5 元和 113.8 元，同比分别增长 24.3%和 26.6%。

（二）中国服装产业的发轫

新中国成立以前，中国民众基本的穿衣问题由两种途径解决：一是自己缝制，这在那个时期占了很大的比重；二是到裁缝店里定做。当时的上海、天津、北京等地有一些规模较大的服装店，如前店后厂的鸿翔和培罗蒙，都有十几到几十个伙计，能做中式服装或西服。后来逐渐形成五类裁缝帮：一是以宁波人为主的专门制作西装的红帮裁缝；二是以浦东人为主的专门制作婚纱、女西装、连衣裙的白帮裁缝；还有专门制作中式服装的本帮裁缝；专门制作军装的大帮裁缝和专门制作棉衣的草帮裁缝。这五类裁缝的形式就是新中国成立前中国服装产业的一个前身。他们普遍存在着生产效率低、规模较小、发展缓慢的问题。

中国的服装产业是在中华人民共和国成立初期的个体手工业和工厂式手工业的基础上逐渐发展起来的。新中国成立以后，服装产业开始起步，一些合作社和生产组得以建立并发展。1956 年，政府对一些合作社和合作工厂进行调整与合并，将其转变为国营或集体的公有制企业，形成了中国服装产业的雏形。

从新中国成立初期到中共中央第十一届三中全会之前的二十几年间，中国的服装工业主要以半自给性质的衣着消费模式建立和发展起来的，这使得服装工业同纺织工业从一开始就失去了内在的经济联系。这个时期的服装企业多以综合加工成衣为主，采用半机械化和手工相结合的方式，大批量的机器化成衣生产的格局还没有形成，成衣产量的增长较为缓慢，只是作为满足人们穿衣消费的一个辅助手段，生产出的产品主要以统购包销的方式供应国内的市场。直到 1978 年，全国的成衣产量达到 7.8 亿件，实现产值 68 亿元，而出口额仅 3 亿美元，此时的服装工业属于内向型产业，出口的服装基本由商业和外贸部门包销，存在着诸如品种单一、价格低廉、结构不合理等问题。

(三) 中国服装产业的成长

自改革开放以来，根据“以经济建设为中心”的方针，服装产业迎来了春天。20 世纪 70 年代末至 80 年代初，服装工业发展迅速，全国的成衣生产量达到了 12.67 亿件，服装出口创汇翻了几番，达到 20.5 亿美元；80 年代中期成衣生产量达到 30 亿件，服装出口创汇增长迅猛，达到 68.4 亿美元；80 年代末至 90 年代初，成衣生产量超过 50 亿件，出口创汇在第八个五年计划的前三个年头就已经达到了预期的标准。中国服装产业的成长，其发展速度迅猛得益于国内外巨大的市场需求。在 1992 年，中国服装的出口额超过纺织品；1994 年，中国内地服装出口值为 237.21 亿元，出口增长率占全球的比重达 16.7%。十多年过去了，中国服装出口额又有了长足的进步。据海关统计资料显示，仅 2008 年一季度，中国纺织三资企业出口额就达到 129 亿美元，占全国纺织出口的 34.4%。

1. 服装发展关键词

服装业被政府确立为消费品工业发展的三大重点之一，国内市场的成衣率由初期的 10%提高到 50%。下面就让我们以几个关键词来解读这个时期的中国服装产业：

(1) 关键词一：“龙头”与“大纺织”

1986 年 11 月，国务院决定服装和丝绸归口纺织工业部实行行业管理，到 1987 年底，全国大部分省市的服装行业完成划归工作，服装成为“龙头”产业，形成了化纤、纺织、印染、针织和服装一条龙的“大纺织”格局。

(2) 关键词二：“WTO”

在经过十几年的努力之后，中国终于在 2001 年正式成为世界贸易组织成员，中国服装与世界的距离也随着中国的“入世”大为缩短。中国服装产业入世后面临的挑战主要有几个方面：技术、人才、企业竞争力和行业综合竞争力。

(3) 关键词三：名牌战略

从 1995 年开始，中国服装行业明确提出要“实施名牌战略”。当产品同质化程度越来越高，企业在产品、价格、渠道上越来越不能制造差异来获得竞争优势的时候，品牌文化正好提供了一种解决之道，因此品牌这个概念越来越被中国的企业，尤其是服装行业所关注。

(4) 关键词四：贸易壁垒

2005年4月4日，美国纺织品协定执行委员会宣布对三类中国纺织品启动设限程序，此后欧盟委员会和法国行业组织也采取了一些措施，这些都阻碍了中国服装产业的发展。但在2005年11月8日，中美双方最终就纺织品问题达成协议，二十多年来中国社会反响最大的贸易争端就此尘埃落定。

（5）关键词五：产业集群

据中国服装协会调查，截至2005年全国已有39个服装产业集聚地，主要分布在珠江三角洲、长江三角洲、环渤海地区和东南沿海地区。中国服装产业大约有近70％的生产能力集中在服装产业集聚地，而服装产业集聚地的生产发展速度明显高于其他地区。

①以服装文化、商贸、时尚为主要特征，成为以大城市为载体的产业集聚地。北京、上海、大连、深圳等大都市是这种模式的代表。

②以产业配套齐整为主要特征，市场信息反应敏锐，以生产中高档品牌服装的企业为主体。温州、宁波、晋江等地是这种模式的代表。

③以外向型经济为特征，形成以大型出口服装生产企业为主体的多层次服装产业群。浙江平湖、江苏常州、广东潮州等地是这种模式的代表。

④以中小企业为依托，以单一产品或专业服装生产为特色，形成以中小城镇为载体的产业集聚地。浙江嵊州（领带）、湖州织里（童装）等地是这种模式的代表。

2. 服装产业亟待解决的问题

中国的服装产业存在着整体发展不平衡和缺乏自己的国际品牌等问题。

先来看看发展不平衡的问题，广东、浙江、江苏、山东、福建、上海等东南沿海省份所生产的产品，占据了全国80％以上的市场份额。而中西部地区的服装产业则非常落后。让我们来看一组数据：2005年中国累计生产服装465亿件套，比上年增长11.2％，其中机织服装产量170亿件，比上年增长13.3％；针织服装产量295亿件，比上年增长10.1％，全国服装销售额在6000亿元左右。规模以上企业生产14.8亿件套，同比上升了16.8％。其中广东省、浙江省、江苏省名列前三名，这三省的产量占总产量的61.68％，集中度相当高。

其次是缺乏在国际市场上具有竞争实力的品牌。各服装企业之间的竞争也还停留在比较低层面上，如在价格、款式等方面的竞争，绝大多数服装企业的产品销售还是以批发市场的大流通为主。近年来服装企业的品牌意识虽然不断加强，但中国服装行业目前还只有有限的几个中国驰名商标，尚缺乏真正意义上的国际服装品牌，只是通过低成本优势在与国际品牌进行竞争。

2005年，纺织品和服装出口总值是1175.35亿美元，比上年增长20.69％，占全国外贸出口总值的15.42％。但不容回避的问题在于，我们的服装出口主要是以加工为主，没有真正能参与国际市场上竞争的品牌，也就是说是靠“为他人做嫁衣”走量来创汇的。

随着中国服装产业的蓬勃发展，一些阻碍其发展的瓶颈问题也凸现了出来：

（1）库存压力加大

服装产品季节性明显，并且服装产品更新的速度越来越快，库存问题成为制约服装企业向前发展的问题之一。

（2）自主设计风格不足

中国服装设计力量还远远落后于国际水准，中国也缺少具有世界影响力的服装设计师。服装公司缺乏完善的设计师培养机制，而很多企业还是以扒板为主，抄袭现象严重，很难形成自己的风格。

（3）行业专业人才匮乏

中国的服装行业与其他行业相比，专业人才非常匮乏。这不仅包括前面所讲的设计人才，还包括服装企业发展整个链条上的各个环节——生产、管理、营销、包装、广告等。

（4）产业链不健全

服装行业是一个与对上下游产业链都密切相关的行业。目前处于产业链上游的国内面、辅料与国外的面、辅料相比还有一个比较大的差距；而处于产业链下游的经销商队伍则整体经营水平不高。此外，服装企业缺乏明确的企业文化支撑，广大消费者普遍存在盲目从众的不成熟消费心理，这些都制约了行业的发展。

（5）品牌建设不成熟

中国很多服装企业品牌意识不强，往往太注重眼前利益而牺牲对品牌的长远规划。而中国服装产业的发展最终要落脚到企业对品牌的建设上来。

尽管存在以上的诸多问题，但应该明确指出的是改革开放30年中，我国的服装产业发展势头良好，前进步伐很快。要想使服装产业朝着健康、良性循环的轨道上继续前进，我们还要将许多深层次的发展问题纳入产业发展体系，如质量保证体系、可持续健康发展战略、企业社会责任、企业核心竞争力、服装产业与环境保护等诸多问题。

还有一点必须指出的是，目前我国的服装行业已处在从“产品经营”阶段向“品牌经营”阶段过渡的重要时期。服装行业的消费也出现了多元化的趋势，受2008年世界金融危机的影响，自主的设计能力、品牌建设、企业文化、市场推广、优质的服务等方面已成为决定服装企业发展乃至生死存亡的重要因素。

二、服装企业的类型

（一）大型企业

根据2003年国家统计局设管司《统计上大中小型企业划分办法（暂行）》，企业规模的具体划分标准中对大型企业界定如下：零售业企业从业人数在500人及以上、销售额在15 000万元及以上的均为大型企业。

（二）中小型企业

中华人民共和国国家经济贸易委员会、中华人民共和国国家发展计划委员会、中华人民共和国财政部、中华人民共和国国家统计局2003年2月19日发布的《关于印发中小企业标准暂行规定的通知》中，对中小型企业的界定如下：

批发和零售业中小型企业须符合以下条件：职工人数500人以下，或销售额15 000万元以下。其中，中型企业须同时满足职工人数100人及以上，销售额1 000万元及以上；其余为小型企业。批发业中小型企业须符合以下条件；职工人数200人以下，或销售额30 000万元以下。其中，中型企业须同时满足职工人数100人及以上，销售额3 000万元及以上；其余为小型企业。

（三）私营企业

中国的私营企业是在个体经济基础上逐渐起步、发展起来的。1988年，《中华人民共和国宪法修正案》的出台确定了私营企业的合法地位，现已成为国民经济不可缺少的重要组成部分。

中国的私营企业绝大部分都为中小型企业，1988年颁布的《中华人民共和国私营企业暂行条例》是这样界定私营企业的：企业资产属于私人所有、雇佣8人以上的营利性经济组织都属于私营企业。它是生产资料归私人所有，以雇佣劳动力来从事商品生产、流通和其他服务性活动，并实行独立核算的营利性经济组织。服装行业属于劳动密集型产业，科技含量和技术含量相对较低，因此进入行业的壁垒也较低，加上可以进行小规模投资，所以私营性质的服装企业占了很大比重。

私营企业具有私营独资企业、私营有限公司和私营合伙企业三种组织方式。

（四）民营企业

从广义上看，民营只与国有独资企业相对，而与任何非国有独资企业是相容的，包括国有持股和控股企业。因此，归纳民营企业的概念就是：非国有独资企业，又不属于公私合营的企业。从狭义的角度来看，“民营企业”仅指私营企业和以私营企业为主体的联营企业。根据目前国内的具体情况，民营企业至少包括以下六类企业：个体工商户；个人、家庭或家族所有的企业；个人、家庭或家族所有制的企业通过改制而形成的股份制企业；通过国有资产重组而形成的，既有国家投资，又有个人、家庭或家族投资的企业；合伙制企业；由公众集资而建立的企业。

中国现有的服装企业中，民营企业占了近90%。全国工商联在2000年对销售额达到9 000万元以上的民营企业的调查中，有64家纺织服装企业进入民营企业500强之列。而至2001年，中国许多民营纺织服装企业的年销售额都是以亿来计算的。

（五）家族企业

企业的所有权或所有权的控制权归属于一个或数个家庭或家族所有，并且具有能将所有权或所有权的控制权合法传给后代的企业组织就是家族企业。

家族企业在经营管理上一般采取三种情况：一是由家族成员直接经营管理企业；二是聘请职业经理经营和管理企业，但决策权还是控制在家族成员手中；三是家族成员与外聘的职业经理共同进行经营管理。

家族企业具有以血缘关系为纽带的特殊性，因此具有以下特征：一是家族成员掌管公司主要部门的管理权；二是家族成员对家族具有较高的一体感；三是家族成员的生活状态与家族企业的发展休戚相关；四是家族企业能对家族以外的员工（包括企业的经理或二级管理者）产生信任。

（六）规模以上企业

规模以上企业是指全部独立核算的国有企业及年产品销售收入在500万元以上的非国有工业企业。据有关资料显示，2003年服装行业规模以上企业达到9 000多家，在这些企业的实收资本中，非国有资本占了93.55%左右。在目前规模以下企业的迅速发展的态势下，国有资本在服装行业中的比重少于3%。

第二节　服装生产管理

一、服装生产管理体系

（一）生产管理的概念

生产管理是指根据企业的经营目标的需要，从产品的品种、数量、质量、成本和交货期等各项指标出发，采取有效的方法和手段对企业的人力、物力、设备、资金等资源进行计划、组织、协调和控制，对企业各部分的员工进行统一的管理，以更好地完成生产任务，生产出消费者需要的产品的一系列活动的总称。生产管理的概念有广义和狭义之分。

广义的生产管理是指对企业总生产系统的管理，它是对人力、财力、物力等资源进行统筹，从标准输入开始，经过生产转换过程到产品信息输出，并利用反馈的信息实行控制的一系列活动过程的管理。这其中包括了生产输入、生产转换过程、生产输出和信息反馈四个环节。

生产系统的输入包括两个方面：一是生产指令的输入，它规定了生产的品种、数量、质量和进度等要求；二是资源的输入，它包括了资金、材料、人力、零部件、图纸、设备工具、工艺流程等生产技术要素及各种标准。

生产的转换过程是产品的具体生产过程，这一过程的主要内容是进行生产过程的组织、生产活动的分工与协作、按照预定的生产流程来完成生产的过程。

信息反馈执行的是控制职能，它是将输出的信息，如质量、产量、进度和成本等指标反馈到输入和生产转换过程中，与输入的信息进行比较，如果发现差异要查明原因，采取措施以消除差异。

关于狭义的生产管理的概念，通常是指产品生产过程的管理，即根据企业的生产类型，进行生产过程的计划、组织、协调和控制，使企业的各种生产要素和生产过程在不同的阶段、不同的环节和不同的工序可以平衡衔接、紧密配合，组成一个协调的生产系统，以达到在人力、物力和时间上的最优组合，为实现企业的经营计划创造有利的条件和提供可靠的物质基础。

（二）服装企业经营体系的基本内容

服装生产管理是服装企业经营活动的一个非常重要的组成部分，全面系统的生产管理应照顾好经营体系的各个内容，这包括了人力、物力、资金、技术和信息五个方面。

首先，人力包括了各部门员工的知识、技能和工作态度；物力包括了构成材料要素的服装面料、辅料，构成机械设备的服装生产、加工机械以及辅助机械，此外还有电力、水力等能源。

其次，技术包括了工艺标准、工艺流程和一些特殊的技术因素，资金包括了成本资金、周转资金和利润资金。

最后，在现在这个信息社会，尤其是服装的买方市场特点，都使得信息在服装企业的生产管理中占有一个十分重要的位置，企业必须知道消费者需要什么，服装市场朝着一个怎样的态势发展。信息包括了市场需要信息、消费者倾向信息和生产反馈信息等诸因素。

（三）服装生产管理的环节

服装生产管理所涉及的范围很广，是一个全面而系统的体系，包括了服装生产技术、管理技术、服装生产过程的组织和产品制造等诸多方面。它的任务就是运用计划、组织、控制的职能把服装产品生产过程中的各个层面各个因素最为有效地组合起来，形成一个有机的服装生产管理体系。

服装生产管理体系包括生产准备、裁剪缝制、整理包装、质量管理、生产过程管理和物料管理六个具体的环节，在这个系列流程中，人力、物力、设备、资金、信息、技术等要素需要进行合理的规划，务求最优化发挥作用。

二、服装生产程序

（一）生产准备

1. 根据设计图打板

根据设计图上的款式图来绘制纸样（也就是我们通常所说的打板）。企业用于生产的款式图应包括服装的效果图、面料的品种、服装的正反图面等内容。这个样衣的板型如何是生产的关键之一。

板的好坏直接关系到设计师的设计意图能否实现，关系到样衣的成型效果，它是批量生产的前提。我们基本上采用原型法、比例法和立体裁剪的方式得到服装的板型。

2. 裁剪和缝制样衣

得到样衣的板型后，将之平铺在坯布或面料上，按照留了缝份的每片衣片把布料裁成几片，把裁好的衣片进行缝制。

3. 试制样衣

样衣出来后，应在人台或试衣模特身上进行试穿以检查穿着效果。这时的检查主要看两方面：一是设计师设计的款式有什么需要改进的地方，如领口是方的好看还是圆的好看，边缘是一道明线还是两道明线，或者整个款式存在什么问题；二是要看板型是否有问题，如下摆比图上效果长了还是短了，腰省捏得多了还是少了等。

4. 绘制生产用样板

对样衣进行修改后得到确定的样板，在这个样板基础上确定基型样板，在此基础上按照号型规格推出所需要的所有号型。

基础样板一般选用中间号型作尺寸的参考，具体的尺寸设定不同的品牌可能会有所区别，如因南北方体型差异，南方品牌和北方品牌对中间号型的设定有时会有一些区别。

5. 制定工艺

生产板出来后，下面一步就是根据国家标准、款式和面料的特点以及企业自身的特点来制定具体的工艺。在这个环节中，主要由技术部门制定产品的生产工艺要求和工艺标准，并标注辅料的种类、型号。

6. 验布和预缩

所需要的面料从厂家进到企业后必须经过验布的过程，这是产品质量得到保证的前提条件。如果所选用的面料收缩变形的程度较大，那么就需要进行预缩处理以保证达到规定的成品尺寸。

（二）裁剪工序

裁剪的步骤主要包括制定裁剪方案，排料划样，铺料，验片、打号与分包，黏合等工序，具体步骤参见第六章第二节相关内容。

（三）缝制工序

服装工业生产中，各裁片缝制的方法和加工顺序与单件制作有很大不同。企业的技术或管理人员应先制定出相关的工艺流程和标准以及工序方案等文件，再将各加工部件按照要求布置给相应的作业员，然后进行组合加工。

为保证最终产品具有较高的质量，在整个缝制工程中，要加强中间熨烫和中间检验工序，力求不出现或将次品数量控制在最低点。

（四）整烫工序

经过整套加工流程生产出来的服装产品，在整烫之前还是半成品，这是因为它们在加工过程中不可避免地会受到折叠积压。这些都非常影响成品的外观，因此需要整烫工序对其进行最后的整理。

经整烫的服装产品需要进行最后的检验，通过终检确定合格的产品，经过清扫整理后，包装待运。终检时要严格按照产品标准控制，彻底清除残次品，以免影响企业声誉。

三、服装生产管理与高科技

（一）服装企业的电子化

服装业的向前发展，必然加快从劳动密集型向知识密集型和技术密集型的转变。随着经济技术的飞速发展和服装市场竞争的需要，任何一个服装企业在前进中都有一个问题不容回避，那就是电子化。服装企业的电子化一般包括工程技术、生产运作和企业管理三个方面，其中前两个方面的运用较早，而企业管理的电子化是 21 世纪开始逐渐被重视的领域。

首先是工程技术的电子化，电子化能够使企业在新产品的研究、设计、开发和工艺等方面提高效率、缩短周期。采取的电子化技术有 CAX 技术、虚拟制作技术、网络技术等。与此相关的 CAX 是计算机辅助技术，包括 CAD（计算机辅助设计）、CAM（计算机辅助制造）、CAE（计算机辅助工程分析）、CAPP（计算机辅助工艺规程编制）和 CAT（计算机辅助测试）等内容。

其次是生产运作领域的电子化，现代企业要求生产运作系统具有高度的柔性化和集成化，各个环节继续相互配合、灵活合作。生产运作的电子化能够使企业对于瞬息万变的市场有着快速的反应能力和应变能力。与此相关的有 FMC（柔性制造单元）、FMS（柔性制造系统）和物流储运系统等内容。

最后是企业管理领域，这个领域的电子化能够使企业把各个流程的业务进行集成化的管理。与此相关的有 SCM（供应链管理系统）、CRM（客户关系管理系统）和 ERP（企业资源规划系统）等内容。

（二）计算机辅助设计

CAD 是计算机辅助设计（Computer-Aided Design）的简称。计算机辅助设计即由计算机帮助工程设计人员进行设计，是应用计算机实现产品设计和工程设计，能加快传统产业的技术改造及结构调整地一项具有战略意义的高新技术，能够实现从产品的总体设计和造型设计，到结构设计和工艺过程设计等环节。一个完善的 CAD 系统，应包括交互式图形程序库、工程数据库和应用程序库。借助 CAD 技术对产品或工程的设计，可以大大缩短设计周期，提高设计效率，节省人力、物力。

在 20 世纪 70 年代以前，CAD 主要服务于机械、电子、宇航、建筑、纺织、化工等领域，它在服装领域的应用是从美国率先开始的。这之后，法国、日本、德国、英国、意大利、瑞士、中国等国家和地区也相继研发了自己的服装 CAD 系统。

20 世纪 90 年代以后，服装 CAD 的功能和应用范围逐渐扩大，包括服装款式设计系统、服装工艺 CAD 系统、三维服装 CAD 系统、量身定做系统和试衣系统，共同完成了完整的服装 CAD 系统。

服装 CAD 系统主要包括款式设计、推板和排料等组成部分，在 20 世纪 90 年代初中期得到了很好的推广。国内外数十种产品能够基本满足不同企业的要求。三维服装 CAD 开始进入商品化阶段，正引起人们的广泛注意。

1. **服装 CAD 的构成及功能**

（1）服装款式设计系统（Designer System）

服装款式设计系统是利用计算机图形技术将服装设计人员的设计意图通过计算机表现出来，并能快速的输出。

这是服装 CAD 款式设计系统最为基本的功能，比起手绘来更加方便和准确。在计算机里画服装的效果图，能够把服装的基本廓形、款式、图案、色彩以及设计细节等方面都比较完整地表达出来。除此之外，还可以把设计出的服装在计算机里穿在人的身上，得到一个比较直观的穿着效果，这是手绘效果图无法比拟的优势。

一般来讲，服装款式设计主要具有以下功能。

①图形的创作与修改功能。创作服装设计效果图一般采取两种方式：一是在空白的工作区上利用如铅笔、喷笔和毛笔等绘图工具画图，图像的造型、线条的宽窄虚实、颜色的运用都可以有设计师自行调节；二是先手绘草图（可以是铅笔

稿也可以是炭笔稿），然后用扫描仪将草图进行扫描输入计算机，再对计算机中输入的草图进行修改和填充。如先用手绘出人物的廓形和服装的基本款式，再在计算机里用真实织物的图片将衣服部分填充，这时得到的效果图就比较圆满了。当然，在这之后，还可以用计算机进行删除、改变、叠加、拼接等处理，得到阴影、省道和褶裥等比较真实的画面效果。

②图形的专业处理功能。这个功能主要是对服装中一些特殊图形和特殊符号进行处理，这使得较为完整的服装款式设计能够在计算机上完成。有些服装 CAD 的款式设计系统有着类似 Photoshop 和 Freehand 等平面设计软件。

③丰富的图库功能。款式设计系统为应用者方便使用，建立了较为丰富的图库。这其中包括人体各种动态、各种款式、各种面料、各种配件等方面，除了软件本身的图库组成，使用者还可以将自己积累的各方面图片对其进行补充。

④辅助款式设计。除了服装款式外，我们还可以利用款式设计系统为效果图上所需要的面料设计花型、图样等，最大限度地为款式提供辅助设计。

⑤强大的色彩功能。款式设计系统为使用者配备了色彩库以及色彩编辑的功能，一般系统里有默认的 256 色，我们还可以通过自己的调配得到更多的颜色。

（2）服装工艺 CAD 系统

服装工艺 CAD 系统产生之初只有推板和排料两大功能。20 世纪 90 年代以来，技术含量更高的纸样设计功能逐渐被推出和完善起来了，于是形成了纸样设计、推板和排料三大模块。这三个模块既相互独立又相互联系，共同构成了服装工艺中较为完整的一系列流程，以完成从衣片设计到推板和排料并输出全套的纸样。

①纸样设计（Pattern Design）模块。纸样设计模块从其设计原理上来看一般可以分为三个层次。

a. 辅助设计层次：是把制板师所采用的平面服装结构设计的方法和过程在计算机上进行显示，即通过数字化笔、数字化板、鼠标、键盘等输入设备，并利用系统提供的作图工具，按照手工制板的方法和顺序设计纸样，形成人机交互方式的制板。

b. 自动设计层次：是利用参数进行纸样设计，一方面修改尺寸表得到不同尺寸的纸样，另一方面纸样的设计公式修改方便，使纸样设计优于手工设计过程。

c. 立体设计层次：是纸样设计从平面向立体过渡的未来发展方向。依靠三维图形学技术的发展，把平面的服装样片和立体的人体模型结合起来，使纸样设计更科学、更合理。特别是依靠彩色立体图形技术和虚拟技术的发展，把立体裁剪方法搬到计算机上来，给服装设计领域带来极大的影响。

②推板（Grading）模块。在我们手工推板工程中，大量数字的计算是一个非

常繁复的工作，而服装工艺 CAD 中的推板模块比较好地解决了这个问题，并具有准确的优点。

放码模块中所使用的基础纸样一般可以通过数字化仪输入到计算机中，建立起用直线、曲线、点等图形元素描述的纸样数字化模型，或通过纸样设计模块得到所需的基础纸样，然后再通过表格数字编辑、公式解释、切开线或网状图输入等方式，建立起纸样上各放板点的推板规格表，在瞬间完成多个规格纸样的推板。这种方式比起我们传统的推般方式，无疑方便快捷得多。

在服装 CAD 中，纸样的推板通常通过以下三种方式：增量法、公式法和切开线法。

③排料（Marking）模块。排料是服装生产中一个重要的步骤，它是在给定的布料幅宽上摆放所有需要裁剪的衣片纸样，并在尺寸一定的情况下将损耗降到最低。它是利用计算机排料是根据数学优化原理利用交互式图形学技术设计而成，具有快捷、灵活、方便等特点。

计算机排料一般分为两种：一是交互式排料，一是自动排料。交互式排料时把需要排料的所有纸样按照排料规则和使用者的经验进行排放，每排定一片纸样，系统会向我们报告排定的衣片数、待排的衣片数、用料的长度和利用率等信息。自动排料是按照计算机系统预先设置的熟学计算方法，将纸样逐一放到优选的位置上，直到将全部需要裁剪的衣片排放完毕，得到面料的利用率。利用自动排料来操作每次自动排料都有不同的优化方案，得到的面料利用率也不同。

（3）三维服装 CAD 系统

我们都知道二维是平面的，三维是立体的。在没有服装 CAD 系统之前，服装从设计到制作过程都是非立体的，而穿衣服的人的身体是具有凹凸变化的一个立体，三维服装 CAD 系统就解决了这个问题。

三维服装 CAD 系统的研究思路如下：人体三维尺寸输入→建立人体→建立人体三维线框模型→人体三维服装生成→服装纹理、阴影、图案覆盖→动态效果显示→转换二维衣片→平面纸样设计→返回三维 CAD→显示修改设计效果→平面纸样输出。这其中，服装与三维人体之间的关系、三维动态效果显示、二维与三维之间的可逆转换等技术是使用者要解决的关键问题。

（4）试衣及量身定制系统

随着技术的发展和生活水平的提高，个性化成为人们着装的新要求，一些消费者认为批量生产的成衣不能满足他们生活的需要。如何运用 CAD 系统进行量体裁衣？于是，试衣及量身定制系统应运而生了。

一般试衣系统具有以下功能：

①摄像输入功能。能够把顾客的体型或其他数据输入到计算机中以备使用。

②图像库功能。在图像库中保存有大量的服装款式图，以备顾客挑选。

③试衣功能。展示顾客选择的款式的穿着效果。

④彩色图像输出功能。以彩色图片的形式将顾客的穿着效果打印出来。

2. 国内外服装 CAD/CAM 系统

目前我国服装院校和企业使用的国内外服装 CAD 系统有数十个，每个生产商的每套系统都有着各自的特点。其中国外影响较大的有美国的格伯（Gerber）系统、法国的力克（Lectra）系统、西班牙的艾维（Investronica）系统、美国 PGM 系统、加拿大派特（PAD）系统和德国的艾斯特（Assyst）系统；国内影响较大的有北京的日升天辰（NAC）系统、原航天部 710 所航天（Arisa）系统、杭州宏华系统、香港富怡系统等。国内软件在二维功能上与国外的 CAD 系统大体相当，而且价格较低。

（1）国外服装 CAD 系统

①美国格伯。格伯系统是国际领先的服装 CAD/CAM 系统之一，由款式设计系统（Artworks）、纸样及推板排料系统（Accumark）、全自动铺布机（Spread）、自动裁剪系统（Gerbercut）、吊挂线系统（Gerbermover）、生产资料管理系统（PDU）等组成。其特点如下：

a. 系统提供多种绘图工具，扩大设计师的创作空间；

b. 采用工作站形式实现纸样设计、推板和排料的一体化；

c. 具有 UNIX 的多用户、多任务能力，兼备同步作业，有强大的联网功能。

②法国力克。法国力克的总体水平在同类产品中较高，在输入输出的质量、系统精度、可靠性及稳定性方面具有优势。系统由款式设计系统（Graphic Instince）、纸样设计和推板系统（Modaris）、交互式和智能型配料系统（Diamino）、资料管理系统（Style Binder）和裁剪系统（Vector）等组成。其特点如下：

a. 产品具备智能化、开放性并支持多种操作平台；

b. 款式设计系统采用绘图板，并附有与之配套的光笔，能够绘出多种笔法特点；

c. 自动由基本板生成款式并分割纸样；

d. 比较全面地处理排料问题，所有数据直接传递到铺布机和自动裁剪系统上。

③西班牙艾维。艾维公司成立了近 30 年，主要生产服装 CAD/CAM/CIM 系列产品，畅销多个国家和地区。主要产品有服装款式设计系统（Invesstudio），制板、推板、排料系统（Invesmark NT），生产工艺管理系统（Invesprocon），自动裁剪系统（Invercut），自动吊挂运输线（Invesmove），机器人仓库管理系统（Inves T Car），自动绘图机系列设计模块（Invesdesinger），修板及推板模块（PGS），交互式及自动排料模块（MGS），多媒体生产数据管理模块（Inves PM）

和量身定做模块（Inves MTM）。系统特点如下：

a. UNDO 功能，可以在操作有误时，用这个功能返回前一个步骤；

b. 在自动排料过程中，可以采用人工交互方式，余下纸样自动排料；

c. 采用多级推板的方法；

d. 在排料过程中，可以对纸样进行修改和修改尺寸，而不用退出排料程序；

e. 利用多媒体管理软件可以对所有生产信息进行数据查询。

④美国 PGM。美国 PGM 系统包括设计系统（图案设计、面料设计和款式设计）、纸样设计系统、推板系统和排料系统四个部分，系统特点如下：

a. 结合手工制板的程序，全程记录手工制板的思路、顺序和步骤；

b. 分割后的纸样不论大小，都能迅速完成自动制板。

⑤德国的艾斯特。德国的艾斯特的系统包括：款式设计系统（Design System）、工艺制作单系统（assy FORM）、制板和推板及款式管理系统（assy CAD）、成本管理系统（assy COST）、排料及自动排料系统（assy LAY &assy NEST）、裁剪系统（assy CUT）等，系统特点如下：

a. 可以提供多种典型款式的工艺制造单；

b. 有三种排料界面：铺开排料、横式菜单排料和竖式菜单排料。

（2）国内服装 CAD 系统

①日升天辰 NAC。日升天辰 NAC 的产品主要有：服装工艺 CAD 系统（原型制作、纸样设计、推板和排料）、量身定做系统和工艺信息生产管理系统，系统特点如下：

a. Knit 原型和日本文化式原型；

b. 具有多种绘画工具，能自如地画出所需要的线条，可以及时地进行长度调整和省道处理等；

c. 采用切开线推板法；

d. 交互式的对格、对条排料，允许主对条格和辅对条格两种方式。

②航天 Arisa。航天 Arisa 由款式设计系统、纸样设计系统、推板系统、排料系统和试衣系统组成，系统特点如下：

a. 采用多种纸样设计方法：原型法、比例法、D 式裁剪法；

b. 提供多种曲线设计工具；

c. 具有整体图案色彩变化功能、布文设计、能动态的进行图案、色彩和面料的搭配。

（3）服装 CAD 诸系统的基本应用范围

①主要用于打板的 CAD 系统：日升天辰 NAC，航天 Arisa，至尊宝纺。

②主要用于推板的 CAD 系统：格伯。

③主要用于人体着装、三维立体试衣的 CAD 系统：Poser。

④主要用于画效果图的 CAD 系统：Photoshop 和 Painter。

⑤主要用于画款式图的 CAD 系统：Coredraw。

（三）计算机集成制造系统

计算机集成制造系统（Computer Integrated Manufacturing System）的简称是 CIMS，译为计算机集成制造。

这一概念最早由美国的约瑟夫·哈林顿（J. Harrington）博士于 1973 年提出。哈林顿认为，企业的生产组织和管理应该强调两个观点：企业的各种生产经营活动是不可分割的，需要统一考虑；整个生产制造过程实质上是信息的采集、传递和加工处理的过程。哈林顿强调的一是整体观点，即系统观点，二是信息观点。二者都是信息时代组织、管理生产最基本、最重要的观点。可以说，CIMS 是信息时代组织、管理企业生产的一种哲理，是信息时代新型企业的一种生产模式。按照这一哲理和技术构成的具体实现便是计算机集成制造系统。

中国“863 计划”CIMS 主题专家组在 1998 年提出 CIMS 的新定义为：“将信息技术、现代管理技术和制造技术相结合，并应用于企业产品全生命周期（从市场需求分析到最终报废处理）的各个阶段，通过信息集成、过程优化及资源优化，实现物流、信息流、价值流的集成和优化运行，达到人（组织、管理）、经营和技术三要素的集成，以改进企业新产品开发的时间（T）、质量（Q）、成本（C）、服务（S）、环境（E），从而提高企业的市场应变能力和竞争能力。”

CIMS 在服装业的应用是一个必然趋势，对其的应用可以提高服装设计和加工的效率与质量，提高对市场的快速反应能力。

四、服装生产管理的意义

大体相同的人力、物力、资金和技术水平的两家服装企业，其发展和利润的多寡可能会形成很大的差距，其关键就在于他们的服装生产管理有着优劣之分。

服装生产管理是一门技术含量很高的科学，它主要研究如何将服装企业的生产力进行最佳的合理组合，将生产中各要素有效地结合起来形成有机的整体，在企业现有条件的基础上，以尽可能小的投资取得尽可能大的产出和利润。

生产管理过程中各要素不是一成不变的，企业可以通过计划、实施二个阶段对其结果进行检查，如果存在问题就要就行改进，形成一些标准化的指标，但也要与时俱进，及时结合行业状况调整，如此循环往复，使企业获得最大的利益和利润，这正是服装生产管理的意义所在。

课后习题

一、名词解释

1. 大型企业

2. 服装款式设计系统

3. 计算机集成制造系统

4. 服装生产管理

二、简答题

1. 简述中国服装发展的几大关键环节。

2. 服装产业亟待解决的问题有哪些?

3. 简述服装生产准备的各个环节。

4. 简述服装企业经营体系的基本内容和基本要素。

三、进阶思考题

服装生产管理对服装企业的重要作用是什么?

基础理论——

服装营销与服装品牌

课题名称： 服装营销与服装品牌

课题内容： 服装营销

服装品牌

上课时数： 3 课时

训练目的： 确立服装市场营销策略对服装销售具有重要意义的观念；明确合理的品牌理念与定位对服装企业的重要性。

教学要求： 1. 使学生了解服装市场营销的概念和作用

2. 使学生掌握服装市场营销的渠道划分

3. 使学生了解服装市场的选择战略

4. 使学生了解关于服装品牌的相关概念

5. 使学生明确服装品牌理念设定的重要性

6. 使学生了解品牌实现过程的诸个环节

课前准备： 阅读关于服装市场营销与服装品牌的相关书籍。

第八章 服装营销与服装品牌

第一节 服装营销

一、服装市场营销的概念和作用

(一) 服装市场营销的概念

1. 市场营销的概念

市场营销是英文 Marketing 的中文意译，1985 年，美国市场营销协会给现代市场营销下了如下的定义：市场营销是个人（或组织）对构想（或主意、计策）、货物和服务的设计、定价、促销和分销的计划与实施的过程，目的是创造能实现个人和组织目标的交换。这一定义将市场营销看作是一个实施和管理的过程，涉及产品、定价、分销和促销等活动，目的是实现交换。

服装市场营销是指企业对达到长期的设定目标、以满足消费者对服装商品和服务的需要而采取的一系列技术和商业理念的运用。

2. 企业四种主要的经营观念

在现实中，每个企业都有自己的目标设定、经营导向以及在此基础上的企业行为模式。不同的经营导向决定了企业不同的经营观念，使得企业间的经营活动与经营重点有所不同。

根据导向的不同，企业有四种主要的经营观念：生产观念、产品观念、推销观念和市场营销观念。在不同的时期和不同的市场环境下，每一种企业经营观念都有其合理性，也都能为企业带来一定的利润。

（1）生产观念

为消费者提供价格低廉的产品是以生产观念为目的，因此提高生产率是企业管理的中心工作。

生产观念适用于产品供不应求的市场大环境下。中国在 20 世纪 80 年代到 90 年代初，人们的消费观念处在一个萌芽的新阶段，对服装商品的需求非常旺盛，有时还会出现供不应求的局面。因此提高生产效率和快速积累资金以投入到下一轮的生产中是服装企业的经营理念。在这个时期，生产观念占据中国服装企业的主导地位。

（2）产品观念

以产品观念为导向的服装企业将重点放在提高产品质量、开发产品款式、增加产品功能和增强产品设计含量等几个方面。产品观念认为质量优良、款式新颖、功能独特、设计优美是服装产品赢得市场竞争优势的核心所在。

在以产品观念为导向的企业里一般是以设计为导向的，设计师则是企业发展的关键人物。

（3）推销观念

以推销为导向的观念认为在服装产品极大丰富的今天，要想使企业获得利润，推销环节是企业经营的核心，应该大规模促销和推销产品，刺激消费者的购买欲来扩大产品的市场占有率。

在以推销观念为主导的企业中，销售工作在企业中占有重要的地位。许多服装企业的销售部门有较细的职能分工和较全面的推销策略，定期为一线的导购人员进行培训。有的企业还为某些重要客户建立个人档案、运用打折和赠送礼品等一系列促销手段对产品进行推广。

目前中国采用推销观念的企业占有相当大的比例。

（4）市场营销观念

市场营销观念认为在了解目标顾客群实际需要的前提下，给消费者比竞争者更优质的产品和服务才是营销的关键。俗话说得好："哪里有需求哪里就有市场"，了解消费者和市场的需求才能使企业永远立于不败之地。这种以市场营销为导向的经营观念是在市场概念越来越成熟、竞争越来越激烈的大环境中逐渐发展成熟的新型企业经营理念。

随着服装市场的逐渐成熟，供大于求已经是一个不能回避的问题，因此建立市场营销观念才是企业发展的方向。

（二）服装市场营销的作用

对于我们今天的服装企业来讲，服装市场营销的作用越来越重要。这是因为随着生活水平的提高、人们对服装要求的提高以及买方市场的形成，服装企业间的竞争日益激烈。什么才是市场需要的服装商品？怎样才能使产品有好的销售成绩？这都离不开服装市场营销。服装市场营销能够帮助企业在内部将设计、生产、销售、财务、人事管理等部门搭建一个良好的平台，能够使企业在日趋复杂的服装市场中找到适合自己的定位，能够针对目标顾客群制定行之有效的市场营销策略。最终，它能够帮助服装企业得到丰厚的利润，以促进企业的良性循环。因此，在服装企业中，市场营销的作用是至关重要的。

（三）服装促销宣传环节

设计师的设计作品或企业的产品经过前面几个环节生产出来后，前期的工作就基本结束了。但产品最终都要到流通领域接受市场的检验，因此促销和宣传环节必不可少。视觉促销主要以静态展示形式来宣传产品，而服装表演则以动态的形式来展示产品。

下面就这两种形式进行简单的介绍，有关服装营销的具体问题在后面的章节中有专门的阐述。

图 8－1　麦当娜为范思哲品牌做的广告

1. 视觉促销

为了使产品取得更好的销量，企业往往会采用多种手段进行视觉促销，如产品陈列、产品广告设计、橱窗陈列、店面陈列等。好的视觉促销能够使消费者对某品牌产品的质量、价格、服务、特点、品位等产生较为准确的认识，从而判断出是否适合自己。

成功的视觉促销具有以下优势：

（1）增加品牌竞争力

好的视觉促销形式能够彰显品牌的文化与内涵，加深消费者对品牌和产品的信赖，从而增强企业的核心竞争力。

（2）增强顾客购买欲望

店面布局合理，产品有效陈列，灯光、宣传品和导购人员穿着到位，这些都能够给顾客最佳的印象，吸引他们购买产品甚至购买更多的产品，增强顾客的购买欲望。

（3）创造企业良好形象

企业形象是企业内涵和企业文化的外在体现，是一个企业的“门面”。做好视觉促销的各个环节，是最为直接的塑造企业良好形象的重要手段。

图8-2　范思哲广告

（4）提高产品的附加值

在产品质量不变的前提下，加强产品包装、相关陈列、店面布置等视觉效果能够提升产品附加值，从而为企业带来更大的利润。

图8-3　店面设计对服装具有很强的宣传效果

图8-4　阿玛尼的静态陈设

2. 服装表演

服装表演作为一种经济活动，是现代服装营销中的重要手段，并逐渐成为服装市场经营活动的基本形式之一。在传递商品信息、宣传产品特色、促进商品销售、树立企业形象和品牌形象、促进市场经济快速发展等方面，服装表演蕴涵着巨大的发展潜力，越来越显示出不可忽视的重大作用。

服装表演除了供人观赏而外，还有示范、指导人们如何穿着的倾向，诠释着设计师所传达的服装设计理念。举办服装表演的目的是为了在不同的市场分销层面推销产品，采取哪种表演形式取决于公司、赞助者所希望达到的效果。根据不同的组织风格，服装表演可以分为以下类型：作品展示表演、正规的走台表演、非正式表演、视频类服装表演、竞赛类服装表演等。

服装表演用动态的方式展示服装，使观赏者能够较为直观地看到每一件展示的衣服的穿着效果，可以从前、后、侧几个角度全面地观赏服装。服装表演与静态展示不同，它更像是一个活动，要牵涉到方方面面的问题，包括场地、灯光、音响、舞台、模特、服装准备与排练等。

（1）场地

根据服装展示类型的不同，服装表演的场地也有很多，如在较为正式的表演大厅里、在服装企业的内部、在历史建筑物中、在商场里、在废弃的工厂中等，不一而足。场地的选择关键在于符合服装演示的主体和所要表达的意境。

（2）灯光

服装表演要求要有较为专业的灯光效果，能够从展示服装效果的各个方向给出最佳的光效。

（3）音乐

服装表演的配乐非常重要，合适的音乐对设计者的创作主题有画龙点睛的作用。音乐可以是现场演奏的也可以是播放事先选好的，有的有歌词有的只是曲子。音乐节奏的快慢决定着模特走台得节奏。

（4）表演台

表演台是供模特在其上进行表演的台子，也叫伸展台。它的长度和宽度与服装表演的时间和模特的数量密切相关。表演台最为多见的是一个“T”形的台子，近年来，表演台的形状日趋多样，有“X”型、“Y”型、“Z”型、“I”型等。

（5）模特

模特是拥有接近完美身高、进行展演的人。他们应具有高挑的身材、和谐的比例、良好的发质和细腻的皮肤。一般男模特的身高不低于 180cm，女模特的身高不低于 170cm。模特的容貌也很重要，但不仅仅是美丽就可以了，随着人们审美情趣的变化，拥有个性化容貌的模特在国内国际 T 台上渐渐走红。

图 8-5　克里斯汀·拉夸的服装表演

在模特的选择上，设计师都是事先进行面试，挑选那些最符合服装风格的模特。专业的模特能够根据服装的风格和设计者的意图用肢体语言将服装作品所要表达的精神表现出来。

（6）准备工作

服装表演中的准备工作是一项非常复杂的工作，需要确定产品的数量、搭配、排序、分组；模特的挑选、分组、训练和彩排（包括走台的节奏、造型和步伐特点等）；场地、灯光、音乐、表演台的选择与布置；开场和终场的设计等。

二、服装营销渠道的选择

（一）服装销售渠道的划分

1. 销售渠道的概念

服装销售渠道是指服装产品从生产者转移到消费者的整个过程所经过的途径，它不仅是指商品实物形态的转移路线，还包括完成商品转移的交换结构和形式。

整个销售包括批发商、零售商等多个环节，这些中间商是销售渠道中最为活跃的因素。销售渠道的起点是生产者，终点是消费者，一端连接生产一端连接销售。

在商品的转移过程中，产品的所有权具有多种不同形式的转移，有些生产者直接向消费者或用户出售其产品，大多数生产者利用不同的中间商将产品卖给消费者。

2. 销售渠道的作用

①中间商的介入简化了服装生产者的销售工作。如果没有中间商，生产者必须与每个消费者直接交易，这样会浪费大量的人力物力。

②中间商使得分销的速度加快、效率提高。他们承担了运输、储存、销售商品的中间环节，具有集中、平衡和扩散的功能。

③中间商具有丰富的市场经验和专业化的市场运作能力。他们熟悉市场、与顾客有较为广泛和深入的联系，能在商品流通过程中起到良好的促销作用。

3. 销售渠道层次的划分

在服装产品从生产者到消费者转移过程中，每一个对产品拥有所有权或负有销售责任的成员都构成一个层次，根据层次数目的不同我们把销售渠道划分为：

一层渠道，即包含一个销售中间机构，如零售商的渠道；

二层渠道，即包含二个销售中间机构，如批发商和零售商的渠道；

三层渠道，即包含三个销售中间机构，如批发商、中转商和零售商的渠道；

以此类推。

(二) 影响销售渠道选择的因素

1. 产品因素

产品因素主要包括服装产品的价格、体积、季节性、流行性等内容。不同的产品销售渠道也不相同，如一些流行指数较强的服装产品，流行周期较短因此不适于采用中间环节较多的销售渠道。

2. 生产企业因素

生产企业因素包括生产者的规模、生产能力、经营水平等内容。企业的规模、资金储备不同采取的销售渠道也不同，如一些大的服装企业可以自己开设零售网点。

3. 市场因素

市场因素包括市场潜力的大小、竞争的强度、购买者的类型划分等内容。市场对不同的服装产品可以采取长短不同的销售渠道。

三、服装市场的选择

(一) 目标市场选择

1. 目标营销的概念

目标营销是指企业在市场细分的基础上，选择一个或若干个市场作为目标市场，并相应地制定营销策略的过程。目标市场选择的合理与否将直接关系到产品销售状况和整个企业的发展。

2. 目标营销的三个步骤

目标营销需要三个基本步骤：第一步是市场细分，即按照购买者所需要的个别产品或营销组合将一个市场分为若干个不同的购买群体。

第二步是选择目标市场，即判断和选择要进入的一个或多个细分市场的行为，包括分析对每一群体营销的可行性，并选择目标市场。

第三步是市场定位，即建立与沟通在市场上该产品关键特征的利益行为，包括确定目标市场在竞争中的地位、确定市场营销的策略。

（二）目标市场战略

1. 服装市场细分

（1）市场细分的概念

市场细分是指企业按照某种标准，将市场上的顾客划分成若干个顾客群，每一个顾客群构成一个子市场，不同的子市场之间存在着明显的需求差异。

（2）市场细分的原则

市场细分的原则包括三方面的内容：一是可衡量性；二是可渗透性；三是效益。

可衡量性是指细分的市场必须是可以识别和衡量的：首先是所确定的细分标准必须明确，容易识别；其次要保证确定的细分标准本身是可以衡量的；最后还要注意各项标准之间的相关性信息。

可渗透性是指进入市场的可能性，这主要针对的是细分后得到的市场能否展开有效的营销活动。对细分市场的可渗透性进行考量，是对企业在该市场实施营销活动可能性进行分析。

第三个原则要确保品牌在细分后的市场上是否能取得良好的经济效益。这其中包括两个方面：首先，细分市场应具有一定的规模，以适应品牌发展的要求；其次，细分市场要具有一定的稳定性，以规避市场变化带来的风险。

（3）市场细分程序

市场细分的程序主要由以下几部分组成：一是确定市场范围，确定产品的消费对象及潜在的购买者；二是确定市场细分的标准，选择最能体现消费者需要差异的因素作为市场细分的标准；三是采用各种市场调查方式收集消费者的情况，组织实施调查后初步进行市场细分；四是了解初步细分市场的优缺点，评价检查初步细分的结果；五是评估各细分市场的规模和性质，考察其竞争情况、收支情况和发展态势的指标。

2. 选择目标市场

（1）选择目标市场的概念

企业通过市场细分，找出那些具有共同需求特征的细分市场后，再根据自身的资源、特长、目标、状况等条件决定进入哪个或哪些细分市场，即选择目标市场。

（2）目标市场的意义

市场细分只是选择目标市场的一个前期工作，而对目标市场进行选择之后才能有效地实施企业的品牌战略。确定了目标市场后，企业就有了建设品牌的各项明确指标：目标市场中对此类产品的需求如何？产品为怎样的目标顾客群服务？产品是在什么样的场合穿着？怎样才能赢得更多消费者的青睐？

3. 市场定位

（1）市场定位的概念

市场定位（Market Positioning）这个概念主要是指服装企业根据目标市场的市场环境和产品竞争情况，针对目标顾客群对该类产品的购买习惯和重视程度，为自己打造出具有鲜明个性的相关产品，并将这些产品和优质的服务理念对消费者进行传达。市场定位的一个重要特征就是要使企业自己的产品在与市场同类产品相比时重现与众不同的特质，以期培养品牌的忠实消费者。

（2）市场定位的意义

在对目标市场进行细分、对目标市场进行选择后，企业这时要做的就是要确定自己企业的市场定位，具体要做的就是对企业的形象、企业文化和企业产品做一个总体的设计，以便使目标市场了解、辨别该企业在市场上与其竞争者所处的不同位置。

服装的构成因素很多——设计、板型、色彩、材质等，而市场定位就是要根据企业的总体规划突出或减弱产品的某些特质，形成与众不同的品牌形象，吸引消费者。

（3）市场定位的因素

在进行产品的市场定位时，我们主要从两个层面进行考虑：一是产品的层面，二是消费者的层面。前者包括产品的特点（如面料、款式、价格等）和产品的穿着场合（如工作、休闲、家居、运动等），后者包括消费者的类型（如年龄、收入、喜好等）和消费者能够得到的利益（如彰显身份、舒适随意、优惠折扣等）。

第二节　服装品牌

一、品牌的相关概念

20 世纪 90 年代末到 21 世纪初，中国的服装业经历了一个快速提升的阶段，越来越多的服装企业如雨后春笋般出现并成长，与之相应的是竞争日益激烈。“品牌”作为一个企业成败与否的关键因素之一成为行业和企业关注的焦点。在我国服装业发展之初，服装加工是原始资金积累、经验积累、技术积累的必要阶段，而在今天，缺乏真正的国际品牌则成为中国服装业前行的瓶颈。

（一）品牌的定义

1. *泛品牌定义*

品牌（brand）一词最初来源于打上烙印的商品，如牲畜等，后逐渐发展为对（印于盒子、罐头、包装等上的）商标、牌子或某种牌子的货物的指称（见《牛津现代高级英汉双解词典》）。美国市场营销协会对品牌作如下定义：“品牌是一个名词、标记、标志、设计或它们的组合运用，其目的是借以辨认某个销售者或某群销售者的产品或服务，并使之与竞争对手的产品和服务区分开来。”而美国市场协会对品牌的定义为：“品牌是指与其他企业的商品、服务明显相区别的名称、语言、设计或象征。品牌的法律用语为商标（trade mark）。品牌是关于卖主的一个商品、商品族以至全部商品的独特性的表示。”从这些定义来看，“品牌”的一大特点是其具有区别于其他商品的独特性。品牌也可以看作是表示商品的质量、档次、种类以及厂商、制造地的一种名称、图形或商标。它是为识别某一企业的商品或服务、体现与同行业的竞争者的商品或服务相区别而采用的名称、图形或商标。

2. *服装品牌的定义*

服装品牌指的是用于识别某些服装企业、企业产品以及企业服务，体现此企业与其他同行业竞争者的服装商品或服务而采取的服装名称、标示图形或服装商标。一般来讲，服装品牌由品牌名称、字体形式和标志徽记三部分组成。品牌名称是指品牌中可以用语言称谓表达的部分，如 Christian Dior、杉杉、雪莲等；品牌的字体形式是指品牌所采用的字体字号；标志徽记是指品牌中可以识别但不念出声的那一部分，这里主要指标记、符号、图案设计等，如 Chanel 的双 C 标志，adidas 的三叶草等。

（二）品牌的分类

1. **按照商品的流通状况划分**

（1）国际品牌——International Brands

（2）特许品牌——Licensed Brands

（3）设计师品牌——Designer Brands

（4）服装生产企业生产经营的品牌——National Brands

（5）零售商品牌——Private Brands

（6）店家品牌——Store Brands

（7）个性品牌——Character Brands

2. **按照服装企业自身品牌的划分**

（1）一线品牌（主线品牌）

（2）二线品牌（副牌）

（三）品牌的内容

每个服装品牌都是由三个层次的内涵共同组成的，分别是核心内容、有形内容以及无形内容。

1. **核心内容**

品牌的核心内容是其最基本的层面，即此服装产品所满足的消费者最基本的需求。

2. **有形内容**

品牌的有形内容是产品的造型、色彩、纹饰等可以看见的组成部分。

3. **无形内容**

品牌的无形内容是服装企业所能提供的质量信誉以及售后服务等无形的内容。

（四）品牌的价值

在一般层面上讲，品牌是企业之间相互区别的标志，它具有强化商品特定性的作用。如果对品牌的价值作进一步的挖掘就会发现：首先，品牌作为一种独特的标识是服装企业控制市场的利器；其次，品牌的确立有助于企业建立良好的公司形象和企业文化；再者，注册的品牌即商标使得企业的所有服装商品能够受到法律的保护。

美国著名品牌专家凯文·莱思·凯勒曾经说过：“品牌来源于消费者反映的差异，如果没有差异发生，那么具有品牌名称的产品本质上仍是一般意义上的产品，而反映中的差异是消费者对品牌理解的结果。虽然公司通过其营销计划和其他行为为品牌提供了刺激，但最终品牌是留在消费者头脑中的东西，品牌是一个可感知的存在，根植于现实中，但是映射着个人的习性。”在呈现买方市场的服装业，品牌越来越成为一个以消费者为中心的概念，它是企业与消费者进行沟通的桥梁。进入 21 世纪以来，服装企业越来越把品牌的树立作为服装营销的核心内容，使之成为企业的象征并进一步增加品牌的含金量，以期最终获得更高利润。

（五）品牌的功能

相对于国际社会较为成熟的服装品牌运作机制来讲，中国的服装品牌处于发展阶段，越来越多的服装企业意识到品牌的重要性，从而加大品牌建设力度。那么，品牌究竟具有哪些功能，使得企业能够如此看重其作用呢？下面就从卖方、流通领域与买方三个方面进行图示分析：

	卖方	流通领域	买方
品牌的功能	1. 树立企业形象与产品形象	1. 所有权明显，产品责任明确	1. 便于辨识产品
	2. 防止产品被仿制侵权	2. 产品附加值高，利于流通	2. 产品使买者具有安全感
	3. 便于产品的管理	3. 产品一般配套完善，利于追加货物	3. 相较于无品牌标识的产品更能维护买方的权益
	4. 可以出让品牌的所有权及使用权而赢利		4. 增加买方的信任度与品牌认知度
	5. 吸引目标顾客群的长期购买，品牌忠诚度高		5. 同一品牌服装具有一定的稳定性，利于买方树立适合自己的穿衣风格
	6. 增加产品的附加值		6. 获得社会认同

二、品牌理念设定

（一）品牌理念认知的重要性及现状

品牌理念风格作为企业理念在服装载体上的具体表现形式，可以通过品牌理念定位评价方式，进行客观、合理的定位。这既有利于塑造不同理念、风格的品牌来服务于特定的目标消费群，又有利于消费者从众多的服装品牌中寻求合适的类型。

中国服装企业普遍存在一个对品牌理念认知不足的问题，其表现在于认为品牌仅仅是一个商标，没有明确品牌的确立就意味着独特的产品风格、独特的经营理念的确立。我们常常在商场里看到每个季节不同商家推出的款式大同小异，这使得消费者产生“这家不打折或店员服务不好，反正还有别家”的想法。

（二）品牌理念设定的意义

品牌理念的设定内容非常广泛，有产品的设计思路，有面料、款式、色彩的选择，有店面的设计布置等。

品牌理念一旦设定，服装企业就能够在这个理念上明确他们面对哪一层面的消费者，将为他们提供什么风格、在什么场合穿着何种服装及相关服务。品牌理念能够通过明确各种商品和企业自身的特点，来改善公司的整体形象。有了一个完整的品牌理念，有利于企业提高生产效率，合理安排和调配人员。最后，品牌理念的设定，有助于企业长远目标的设定。

三、品牌实现过程

一个品牌包含了方方面面的组成部分，只有在这些部分都得到圆满实施时，品牌的价值才会得以实现。在品牌的实现过程中包括了目标市场分析、目标顾客群定位、品牌理念与风格设定、品牌命名、服装总体设计、服装品类组合设定、服装营销策略定位等诸项内容。

（一）目标市场分析

进行品牌定位之前企业首先要对品牌希望占有的目标市场进行全面深入的了解。在此基础上确定市场范围，决定生产何种类型的服装产品。在对目标市场进行分析时，服装企业要清楚产品市场应当取决于消费者的需求，而不是以产品本身的特性。

（二）目标顾客群定位

对目标市场进行分析定位以后，服装企业要对所选定的服装产品市场范围内的目标顾客进行定位和分析，清楚他们是怎样的人群，其性别、年龄、经济条件、购衣倾向、购衣习惯以及所有的产品及服务需要。

（三）品牌理念与风格设定

在对目标顾客群进行完整定位以后，服装企业要对品牌的理念及设计风格进行定位了。在一个长期的阶段里，企业应设定属于自己特有的品牌理念。对于某一季，则应该将品牌理念衍生出本季的设计主题。如有的企业的女装产品定位在打造高贵现代的生活理念上，这个品牌理念基础上的产品就需要到位的设计、优质的面料、精到的板型、雅致的风格来支撑。

（四）品牌命名

品牌的命名是品牌实现过程中的一个重要因素，好的名字不但能够体现品牌的定位，还具有启发良好联想、适应市场环境、体现公司文化、易读易记等特点。

（五）服装总体设计

针对每一季的产品，服装企业应在主题、风格、色彩、面料等方面有一个总体的规划，使得在规划下的细化的产品种类、搭配等要素都能够有一个明确的设计方向。

（六）服装品类组合设计

在这一阶段，企业要做的是将总体的设计细化为具体的商品，如生产的具体款式、如何搭配、系列产品的问题等，这其中面辅料的选择、色彩的搭配以及款式的组合是几个很重要的方面。

（七）服装营销策略定位

产品的款式、组合、面辅料等各项细则出来以后，企业就要把工作的重点转入销售领域，制定具体的营销策略、促销手段、卖场店面的布置、服装产品的摆放以及销售人员的培训等方面。这是使品牌商品实现其在流通领域的价值的最后一个环节。

课后习题

一、名词解释

1. 市场营销

2. 销售渠道

3. 市场定位

4. 服装品牌

二、简答题

1. 举例分析企业四种主要的经营观念。

2. 简述品牌实现过程包含的几个环节。

三、进阶思考题

试析在当今时代视觉促销对服装品牌的意义如何?

基础理论——

服装文献与相关史料

课题名称： 服装文献与相关史料

课题内容： 古代有关服装的记载

近现代服装文献

当代主要服装文献

上课时数： 2课时

训练目的： 使学生对古代典籍中关于服装的部分有一定的认识，掌握从古籍中、从近现代文献中查找服装相关资料的能力，激发学生对服装资料收集的兴趣。

教学要求： 1. 使学生了解《周礼》、《仪礼》、《礼记》、历代《舆服志》中有关服装的记载

2. 使学生对近现代国内国际关于服装的文献有一个初步的认识和了解

课前准备： 阅读历代《舆服志》中关于服装的部分，搜集现代服装外文资料。

第九章　服装文献与相关史料

在中国古代，统治者始终是将服装引入到制度之中，认为其与国家的秩序密不可分；一些哲学家需要为自己的论点寻找论据时，也常常以日常着装为例。如公元前8世纪到公元前5世纪，正值中国历史上的春秋时代，传为左丘明撰写的《左传》上，就在阐述其美学观点时，谈到服装中的“衮、冕、黻、珽、带、裳、幅、舄、衡、紞、纮，昭其度也。藻率、鞞、鞛、鞶、厉、游、缨，昭其数也。火、龙、黼、黻，昭其文也。五色比象，昭其物也”（《左传·桓公二年》），以此来表述统治者的德行。墨家学派创始人墨翟在《墨子佚文》中留下了他的主要美学见解。他说：“食必常饱，然后求美；衣必常暖，然后求丽；居必常安，然后求乐。”意谓先考虑服装等物的实用功能，然后再寻求审美与艺术活动上的满足。道家学派的创始人老聃，在《道德经》中说：“甘其食，美其服，安其居，乐其俗。”要人们以其服为美，而满足于已有的服装，不必再去创新。

战国末期的思想家、政治家韩非提出一种“取情去貌”的美学观点，他认为“和氏之璧，不饰以五采；隋侯之珠，不饰以银黄。其质至美，物不足以饰之。”（《韩非子·解考》）在汉高祖之孙淮南王刘安主持下，由其门客共同编写了一部《淮南鸿烈》，又名《淮南子》。全书以改良的道家思想为中心，综合了儒、法、阴阳等名家思想，提出了美是以一定条件为前提而存在。其中提到妇女笑靥在两颊是美的，如果在额头上就成为丑的了。

唐代绘画理论家张彦远在论述绘画艺术时，也以实例强调服装是历史文化的反映。他说：“若论衣服、车舆、土风、人物，年代各异，南北有殊。观画之宜，在乎详审。只如吴道子画仲由，便带木剑；阎令公画昭君，已著帷帽；殊不知木剑创于晋代，帷帽兴于国朝。”（《历代名画记》）中国宋、元、明、清无不将衣冠与文物制度相联系，在有关礼制、风俗的著作中加以探讨；许多笔记小说更记有许多服装逸史轶事，非常具体可信。而且在中国每次改朝换代时，统治阶级都必然对服装进行探讨、争论，同时自上而下予以改制。

第一节 古代有关服装的记载

一、《周礼》中有关服装的记载

《周礼》是儒家经典之一，也被称为《周官》或《周官经》。主要是搜集周王室官制和战国时代的各国制度，添附儒家政治思想，增减排比而成的汇编。有人认为是周公所作，但根据近代学者从周秦铜器铭文所载的官制，参照《周礼》中所列的制度、学术思想，基本上定为战国时代的作品。

《周礼》与职官

司服，这是特设负责君王等大礼时服装的职官。《周礼·春官宗伯》中有："司服：掌王之吉凶衣服，辨其名物，与其用事。王之吉服：祀昊天上帝，则服大裘而冕，祀五帝亦如之；享先王，则衮冕；享先公，飨，射，则鷩冕；祀四望山川，则毳冕；祭社稷、五祀，则希冕；祭群小祀，则玄冕。凡兵事，韦弁服。视朝，则皮弁服。凡甸，冠弁服。凡凶事，服弁服。凡吊事，弁绖服。凡丧，为天王斩衰，为王后齐衰。王为三公九卿锡衰，为诸侯缌衰，为大夫、士疑衰，其首服皆弁绖。大札、大荒、大灾，素服。公之服，自衮冕而下，如王之服。侯伯之服，自鷩冕而下，如公之服。子男之服，自毳冕而下，如侯伯之服。孤之服，自希冕而下，如子男之服。卿大夫之服，自玄冕而下，如孤之服；其凶服，加以大功、小功。士之服，自皮弁而下，如大夫衣服，其凶服亦如之。其齐服有玄端、素端。凡大祭祀、大宾客，共其衣服而奉之。大丧，共其复衣服、敛衣服、奠衣服、廞衣服，皆掌其陈序。"看起来，司服一职，专门负责统治者在祭祀等重大礼仪场合下所穿的服装，这些都被详细记于《周礼》之中。负责王后及后妃服装的则被称为"内司服"。后世明代王圻著《三才图会》，内中有关于中国传统礼服形象的绘制。

二、《仪礼》中有关服装的记载

《仪礼》也是儒家经典之一，简称《礼》，亦称《礼经》或《士礼》，主要为春秋、战国时代一部分礼制的汇编。近人认为成书于战国初期至中期。

《仪礼》中记有春秋战国时期的诸项仪礼规范、程序与涉及者的服装规定，其过程之繁缛基本上概括了中国汉文化的仪礼制度的各个方面。《仪礼》关注整个社会生活，项目包括士冠礼、士昏礼、士相见礼、乡饮酒礼、乡射礼、燕礼、大射礼、聘礼，公食大夫礼、觐礼、士丧礼、既夕礼、士虞礼、牺牲馈食礼、少牢馈食礼等，每一项仪礼都有严格的服装规定。仪礼是典型的儒家思想的产物，春秋战国时以此为人生必不可少的大礼。

三、《礼记》中有关服装的规定

《礼记》是儒家的重要经典，相传为西汉戴圣编撰，也称《小戴记》或《小戴礼记》。选编了秦汉以前有关仪礼论著的核心内容。因为《礼记》主要记述的是古代社会制度，贯穿着儒家学说，自然包括了很多关于服装的规定，这是儒家所提倡的礼制在服装上的典型反映，它直接影响了中国人两千年来的服装观念与风格。

翻开《礼记》，章章节节都是繁缛的礼节，特别是服装方面，不仅要遵从身份、场合、程序，甚至动作乃至于表情都有一套严格的规范。涉及面之广，要求之具体，区分之精细，都是十分惊人的。

《礼记》中对于服装有全面的严格记述。这包括了服色，质料；对时间、空间的不同要求，度、量、数、制的规定，以及“两性有别”，文饰有差，内外（燕居与祭祀）有分等内容。

（一）《礼记》的中心——孝在服装上的反映

儒家礼教中特别强调的一点即是“孝”，在对父母长辈的尊重上甚至超过“忠”。因为忠是对君而言，范围有限，而孝却是对所有人而言，因为人人都是父母所生，即使君王也不例外。《礼记》在有关服装规定的内容里，占相当大篇幅提到如何通过服装来孝敬父母尊长，包括每日的穿着规定和父母去世时孝子的丧服制度。

《礼记·曲礼上》规定：“为人子者，父母存，冠衣不纯素。孤子当室，冠衣不纯采。”纯，可作丝解。在这里指冠饰与衣缘，更确切讲是指深衣领处镶沿的缘边。素一般指白色。这就很明白了：父母健在，儿子的冠饰衣缘不应用白色，这是做儿子应守的礼制。如果父亲去世了，丧礼完毕以后，别的孩子穿衣没有什么特殊忌讳了，但嫡子或说正出长子仍不能穿带颜色的衣服或用彩色布缘衣边，以表示哀思无尽，不涉华彩。

（二）君子无故玉不去身

玉，与礼有不可分的关系。古代典礼最重玉帛，而玉成为“君子”服装佩饰中非常重要的一项。《论语·阳货》中写道："礼云，礼云，玉帛云乎哉？"无论孔子本意如何，这里都在说明玉帛是礼器的集中代表。在儒家思想及服装观中，"以玉比德"是十分重要的观念，儒家有"玉有五德"的说法。《礼记》中所谈到的关于玉的内容，主要是佩戴方法和君子佩玉的礼仪要求与意义。

《礼记·玉藻》是说玉的专章："古之君子必佩玉。右徵角，左宫羽。趋以《采齐》，行以《肆夏》，周还中规，折还中矩。近则揖之，退则扬之，然后玉锵鸣也。故君子在车，则闻鸾和之声，行则鸣佩玉，是以非辟之心无自入也。"这一段说，古时候（古指商周）君子身上都佩玉，以体现出周礼的威严庄重；君子是有修养的士大夫阶层。趋是走在寝门外至应门的路上，行是走在寝门内至堂的路上。行走时右边佩玉发出合于五音中徵、角的声音，左边的佩玉发出合于宫、羽的声音。宫、商、角、徵、羽是中国古乐中的5个音级。这里是说左右的佩玉在人行走时发出合于音阶之美的声音，而且玉佩碰撞的声音要有韵律。玉佩随着着装者的体态变化而发出铿锵并有节奏的鸣声，听着这样的声音，邪僻的杂念就不会进入到君子的心灵中了。

各个不同阶层的人在不同的场合佩玉时都有特别的规定。"君在不佩玉，左结佩，右设佩。居则设佩，朝则结佩。斋则綪结佩而爵韠。凡带必有佩玉，唯丧否。佩玉有冲牙。君子无故玉不去身，君子于玉比德焉。天子佩白玉而玄组绶；公侯佩山玄玉而朱组绶；大夫佩水苍玉而纯组绶；世子佩瑜玉而綦组绶；士佩瓀玟而缊组绶。"从中我们可以看出，君子没有特殊的原因，玉佩不能离身，因为君子是以玉来象征德行的。不同身份的人，尽管属于君子士人，佩玉也是有等级差别的，如天子佩白玉，用黑色丝带为绶；公侯佩玄色的玉，用朱红丝带为绶；大夫佩水苍色的玉，用黑中带红色的丝带为绶；世子佩美玉，用五彩的丝带为绶；士佩瓀玟（一种次于玉的石），用赤黄色的丝带为绶。佩玉有等级差别，才算贯彻了礼。

（三）男女不通衣裳

中国传统礼教的特点之一，就是提出社会地位上的男女有别，而且明确地强调男尊女卑。认为男为乾，女为坤，男为天，女为地等，这种理论实践的结果就是妇女从小受到歧视。因此在任何事情的裁决上，女性都没有权威性，即使贵为王后，其活动的性质也是次要附属性的，如祭蚕助桑等。

《礼记·内则》中规定："女子十年不出，姆教婉娩听从。执麻枲，治丝茧，织纴组紃，学女事以共衣服。……十有五年而笄，二十而嫁。"这些说明，人们的衣服是靠妇女从养蚕缫丝到织布以至制成的。女子天经地义地自幼接受女红的教育。同在《内则》中，有一段写到："外内不共井，不共湢浴，不通寝席，不通乞假，男女不通衣裳。”这就是说，男女不但不应同用一个浴室，而且不能互相讨要或暂借东西，连喝水也不能同用一口井。其中最重要的是男女的衣服不能互相穿戴，即不能互换衣服穿，或说男子不许穿女子的衣服，女子更不准穿男子的衣服。在特定的朝代，甚至要求“女子出门，必拥蔽其面”。

这些作为礼教的主要内容，把妇女从社会生活中封闭起来，长期桎梏着中国妇女的行动乃至思想。只有到了对外交往频繁，思想较为开放的盛唐，才出现过女着男装的着装时尚，而且女子敢于在出门时不再“拥蔽其面”，进而大胆地露髻跨马驰骋了。可是，综观中国漫长的封建社会，这一段女子服装开放的时间并不算长，到了宋代程朱理学盛行时，一句“存天理而灭人欲”又重新将中国妇女封闭进狭小的空间里，并且划在密密实实的服装规范中了。

《内则》中还要求：“男女不同椸枷，不敢悬于夫之楎椸，不敢藏于夫之箧笥，不敢共湢浴。”这里除了重申夫妻不得共同使用一个浴室外，而且男女的衣服不能同用一个衣架，也就是不准妻子将自己的衣服挂在丈夫的衣架上，而且不许将自己的衣服放在丈夫的衣箱里。这是明显地歧视女性的有关服装规定。《礼记·曲礼上》也有类似的规定，如“男女不杂坐，不同椸枷，不同巾栉，不亲授。”还不能同使一条毛巾，不能同用一把篦梳，另外如“不杂坐，不亲授”等男女之间的交往禁忌，都是典型的儒家男尊女卑和禁欲思想的表露。

（四）日常生活中的着装礼节

中国作为古代社会的有名的“礼仪之邦”，其“礼”的规范，有很大一部分是带有明显的文明意义的，而且在有关服装的礼节上，也不都是对人的过分的束缚，其中一些直到今天都具有一定的积极意义，如“国家靡敝，则车不雕几，甲不组縢，食器不刻镂，君子不履丝屦”就有着沉重的社会责任感和典型的提倡节约以兴国的高尚精神。

关于古人日常生活中的着装礼节，在《礼记》中有着较多的体现：

《礼记·少仪》中规定做客时鞋子摆放的位置，是这样写的：“排阖说屦于户内者，一人而已矣，有尊长在则否。”也就是说推开门要进屋时，只有地位最尊或年龄最大的一位才可以把鞋放在席子的侧边，其他人都要脱在户外。如果室内已坐有尊长，后来的人就要全部将鞋脱在户外。

礼教中强调着装者表情与服装的统一，这在《礼记》中有多处记载。如《礼记·表记》中孔子说：“是故君子服其服。则文以君子之容，有其容；则文以君子之辞，遂其辞；则实以君子之德，是故君子耻服其服而无其容，耻有其容而无其辞，耻有其辞而无其德，耻有其德而无其行。”这里是说，君子穿上他们的衣服，还要用君子的仪容来修饰；有了君子的仪容，还要用君子的言辞来文饰；言辞高雅了，还要用君子的道德来充实内心。所以君子如果只穿君子服装（外表），而没有君子的仪容应为耻；只有君子仪容而没有君子的高雅辞令也是羞耻；只有君子的辞令而没有君子的美德更应为耻，而且只有君子的道德还不够，还应有君子的高尚行为，否则为耻。因此，“君子衰绖则有哀色，端冕则有敬色，甲胄则有不可辱之色。《诗》云：‘惟鹈在梁，不濡其翼。彼记之子，不称其服。’”也就是说，君子穿了丧服，脸上要有悲哀的表情；穿了朝服，就要有恭敬的表情；穿上戎装，脸上就应有威严不可侵犯的表情。《诗经》中说：鹈鹕在鱼梁上捉鱼，并不沾湿翅膀，那些没有德行的小人，真不配穿那一身好衣裳。

礼教认为着装礼节是相当重要的，如果衣服穿在身上，却不知道它的制度、等级，那就是无知。礼制中强调服装制度和着装规范，甚至提高到君子和小人的标准来看待。这样看来，在中国古代文化中，服装不但标志着生活质量，而且有一种社会标准，绝不可以轻视或疏忽。

四、历代《舆服志》

舆，原本是指车厢，后引申为车，《老子》中已提到：“虽有舟舆，无所乘之。”即是以船与车并提的例子。服，当然是指衣冠。由于车上往往有旗，而衣服上又常常有花纹，不同的花纹颜色可以区分身份的尊卑，也就是都与礼制相关，因此，每一朝代都很重视舆服，修史者也大都在史书中刊有《舆服志》。《尚书·皋陶谟》上说：“天命有德，五服五章哉!”绣绘日、月、星辰等“章”的礼服常被称为“章服”。这样，“舆服”一词实际上即成了车旗、章服、冠履的总称。

《舆服志》的体裁首创于《后汉书》，专门用来记载车旗、章服、冠履的有关规章制度及具体款式等，在一定程度上真实地记录了历史过程中的服装演变情况。这以后，《晋书》、《旧唐书》、《宋史》、《金史》、《元史》、《明史》、《清史稿》中都设有《舆服志》，《新唐书》设《车服志》，与此类同，只是改用了一个字。

《舆服志》主要表述的是有关统治阶层的车旗、服装制度，特别是参加朝觐、祭祀、出行等重大仪礼活动时的规则。但自《明史》开始，《舆服志》篇幅明显增大，而且除皇帝、后妃、皇太子、亲王、文武官、命妇冠服内容以外，还有内外官亲属、内使、侍卫以下、士庶、乐工、军隶、外藩、僧道等冠服内容。无疑，历代《舆服志》是研究中国服装文化的重要资料，有着其他文字记载和形象资料不可替代的作用。

几乎每一朝代史书的《舆服志》之首，都要申明本朝舆服的源流及特点，其中既有历代相沿的内容，也有这一代新的观点和观念，这就为我们提供了难得的历史资料。

《后汉书·舆服志》直接谈到服装款式、色彩乃至纹样，及其显示等级观念的重要性。如“上古穴居而野处，衣毛而冒（帽）皮，未有制度。后世圣人易之以丝麻。观翚翟之文、荣华之色，乃染帛以效之。始作五彩成以为服，见鸟兽有冠角髯胡之制，遂作冠冕缨蕤，以为首饰，凡十二章。……”接下来具体介绍了十二章的来历。这些具体的叙述记述了中国服装色彩与纹样的来源。这一记述，无疑有着开先河的意义，为后代舆服志奠定了理论基础。

《旧唐书·舆服志》认为三国两晋南北朝期间的服装属于奇装怪装，杂乱无章，直至隋朝统一才恢复了周礼的传统服装礼仪，这是对民族融合导致服装变异的否定，显然论者带有浓重汉文化的正统思想。

《宋史·舆服志》强调宋代君臣设立舆服规格是依古圣人之道，圣人即周公、孔子，意为是绝对正统、合理的。并十分有分寸地说，虽然不能完全符合古制，但对于后世来说，确是提供了一种合乎礼仪的模式，因而无愧于后世。文中还提到，宋初尚节俭，经靖康之难至高宗偏安，宋王朝是如何关注并易其舆服制度的。

通过对《金史·舆服志》的研究，我们可以看出，金代舆服制度还是严格遵循周代即中国古制的，这是近代人所不熟悉的，因此也极易产生偏见。

《元史·舆服志》谈及元代舆服设立的依据时，除了追溯至黄帝及历代相沿的制度以外，特别提出“近取金、宋，远法汉、唐”，这说明依然是以汉制为主。

《元史·舆服志》后还有《明史·舆服志》和《清史稿》，因篇幅所限，就不在这里一一分析了。

第二节　近现代服装文献

可以这样说，人类的服装出现已经非常久远，把服装作为学术上的专门研究对象却很晚。这就是有关服装文献的历史状况。

一、近现代国际服装文献

最早出版的服装书刊，既不在巴黎，甚而不在法国。1586 年，德国法兰克福的画家约瑟·阿曼，出版了一本画册，说明文字采用拉丁文，书名《描绘欧洲各国女式服装的画册》。

18 世纪以来，在静态服饰考古上的学术著作开始出现，如希拉雷·席勒所著

《从裸体到衣饰》，亚布拉罕所著《希腊人服装》，伊万夫人所著《论希腊服装之精华》，与古希腊并列的当然是古罗马，如丽莉安·威尔逊就写了《古罗马服装》与《古罗马市民宽松长袍》两本书。

20世纪初，人们开始重视服装结构、设计、款式与佩饰的研究，日本文化服装学院与日本文化女子大学合编的《文化服装讲座》就是侧重于具体工艺性。

由于现代科学及人文科学多学科的发展，服装研究的重点，或者说是把握的核心在逐渐扩展。这个领域研究的新特点，是从服装之外研究服装。首先从心理学入手。1897年，格·斯·霍尔发表了《自我早期的感觉》；1917年，格·维·迪尔邦发表了《服装心理学》；1930年，杰·卡·弗劳格尔也出版了名为《服装心理学》的专著。两者虽然同名，但后者在微观上“兼析赶时髦及其动机”的，还有晚些出版的伊丽莎白·赫洛克的著作。1934年美国纽约哥伦比亚大学哲学教授巴尔发表的《时装的心理分析》，则是以流行为切入点研究服装心理学的专著。

在这一系列的服装学著作中，作者几乎都凭借社会调查与心理测试等手段，深入地剖示时代与人类的着装心理，有的如维·伊·亚可伯逊所著《服装设计的基本美学因素》，是从审美心理角度将心理学与美学结合起来，做更具有应用性但又更深入的服装研究。在这里，20世纪20～30年代盛行的弗洛伊德精神分析学说，对服装研究产生了不可忽视的影响。精神分析学说亦称心理分析学说，它关于艺术、审美的观点，触及过去服装研究中很少涉及的领域——潜意识、性意识、压抑心理、变态心理、情结、深层心理的转移和宣泄等，对着装心理本质、对服饰形象设计及探索时装动因上，都有一定的启示作用。

美国华盛顿大学布兰奇·佩尼教授，走遍世界著名博物馆，亲临许多地区，甚至是未完全开化地区，经过文物考古与田野调查，撰写成《世界服装史》，成为一部纵观古今的名著。美国瑞·塔纳·威尔阔克斯著《服饰的历史——从古代东方到现代》，纵向剖析也如此。迈克·巴特贝里和阿丽安·巴特贝里的《时装——历史的镜子》，日本千村典的《流行服饰的历史——为学习现代的服饰设计》，小川安朗的《民族服饰》，奥地利赫尔曼·施赖贝尔的《羞耻心的文化史》，与此相关的美国玛格丽特·米德的《萨摩亚人的成年》、《三个原始部落的性别与气质》，菲利普·巴格比《文化·历史的投影》，以及俄国普列汉诺夫的《论艺术》等著作，都是通过对人类童年的追溯，在寻找人类文化，包括服装起始的源头。然后沿着一个国家或是一个民族的发展脉络，归结到近现代，去理出服装文化推演的轨迹。

二、近现代国内服装文献

（一）《服制》

1912年10月3日，临时大总统袁世凯向全国公布参议院决议通过的《民国服制》，该服制附有图式。

《民国服制》规定，男子礼服分为大礼服、常礼服两种。其中大礼服分书用、夜用两种：书用大礼服为西式大氅式；夜用大礼服类似燕尾服，但后摆呈圆形，裤用西式长裤。常礼服也分两种：一为西式，一为袍褂式，均为黑色，衣料采用国产丝、毛织品或棉、麻织品。女子礼服则只有一款：上用长与膝齐的对襟长衫，下用长裙；衫裙均加绣饰。穿着礼服出席丧礼时，男子要在左腕缠上黑纱，女子则在胸前缀以黑纱结。《民国服制》还对礼帽、礼靴等作了具体规定。该《服制》对民国时期男子与女子的正式礼服从样式、颜色到材质都作了明确的规定：

第一章　男子礼服

第一条　男子礼服。分为大礼服常礼服二种。

第二条　大礼服式如第一图。料用本国丝织品。色用黑。

第三条　常礼服分二种。

一　甲种式。料用本国丝织品。或棉织品。或麻织品。色用黑。

二　乙用式如褂袍。

第四条　凡遇丧礼，应服第二第三条礼服时，于左腕围以黑纱。

第五条　男子礼帽。分为大礼帽常礼帽二种。

一　大礼帽式。料用本国丝织品。色用黑。

二　常礼帽式如第五图。料用本国丝织品或毛织品。色用黑。

第六条　礼靴分二种。

一　甲种式。色用黑。服大礼服及甲种常礼服时用之。

二　乙种式。色用黑。服乙种常礼服时用之。

……

（二）《礼制》

1912年8月17日，袁世凯正式公布了民国《礼制》，共两章七条：

第一章　男子礼

第一条　男子礼为脱帽鞠躬。

第二条 庆典、婚礼、丧礼、聘问，用脱帽三鞠躬礼。

第三条 公宴、公礼及交际宴会用脱帽一鞠躬礼。

第四条 寻常相见，用脱帽礼。

第五条 军人警察特别规定者，不适用本制。

第二章 女子礼

第六条 女子礼适用第二条、第三条之规定，但不脱帽。寻常相见，用一鞠躬礼。

第七条 本制自公布日施行。

第三节 当代主要服装文献

20世纪50年代以后，对于服装的研究，特别是对于时装或扩至时尚的研究工作已相当普遍，服装文化已经或为人们生活中不可缺少的一部分。

经一度闭关锁国后，20世纪70年代末，中国重新打开了通向世界的大门。这时，服装作为显而易见的文化现象和重要的文化流行物，开始引起学者们的重视。短短几年，各地高等院校纷纷建立服装设计专业。至80年代中后期，已前后出版了多部服装史论书籍。同时，对西欧及日本的服装著作也大量翻译或编译出版。

一、当代国际服装文献

1. *A History of Costume in the West*—Francois Boucher
2. *A History of Fashion*—J. Anderson Black & Madge Garland
3. *Body and Clothes*—R. Broby Johansen
4. *Clothing Technology*—Hannelore Eberle
5. *Consumer Society*—Baudrillard Jean
6. *Costume & Fashion*—James Laver
7. *Costumes Through the Ages*—Rizzolinternatio Nalpublication
8. *Draping for Apparel Design*—Helen Joseph-Armstrong
9. *Decades of Fashion*—Richard Collins
10. *Fashion as Communication*—Barnard Malcolm
11. *Fashion Design and Product Development*—H. Carr. J. Pomery
12. *Fashion in Costume*：1200～2000—Nunn Joan

13. *Fashion - the Century of the Designer*—Astrid Roth

14. *Fahion - the Mirror of History*—Michael and Ariane Batterberry

15. *Guide to Producing a Fashion Show*—Judith Everett&Kristen Swanson

16. *Icons of Fashion*—Gerda Buxbaum

17. *Inside Fashion Design*—Sharon Lee Tate

18. *Patternmaking for Fashion Design*—Helen Joseph-Armstrong

19. *Sex and Suit*—Hollander Anne

20. *System of Fashion*—Barthes Roland

21. *The Body and Society*—Turner Bryan

22. *The Corset: A Cultural History*—Steele Valerie

23. *The Dynamics Fashion*—Elaine Stone

24. *The Encyclopaedia of Fashion*—Georgina O' hara

25. *The Face of Fashion: Cultural Studies in Fashion*—Craik Jennifer

26. *The Fashioned Body: Fashion, Dress and Modern Social Theory*—Entwistle Joanne

27. *The Language of Clothes*—Alison Lurie

28. *The Social Psychology of Clothing*—Kaiser Susan

29. *The World Fashion*—Jay&Ellen Diamond

二、当代国内服装文献

（一）服装史类

1. 《中国古代服装研究》——沈从文

2. 《中国服装史》——华梅

3. 《中国古代服装史》——周锡保

4. 《中国历代服装》——周汛、高春明

5. 《西方服装史》——华梅

6. 《西洋服装史》——李当岐

7. 《中外服饰演化》——华梅

8. 《中国服装史》——袁仄

9. 《中国近代纺织史》——中国近代纺织史编辑委员会

10. 《中西服装史》——叶立诚

11. 《世界时装设计史》——王受之

（二）服装理论类

1.《服装学概论》——李当岐
2.《服装心理学》——华梅
3.《服装民俗学》——华梅
4.《服装社会学》——华梅
5.《服装生理学》——华梅
6.《服装概论》——张辛可

（三）服装文化类

1.《人类服装文化学》——华梅
2.《服饰与中国文化》——华梅
3.《中国服装》——华梅
4.《服饰文化全览》——华梅
5.《华梅谈服饰文化》——华梅
6.《中国服饰》——华梅

课后习题

一、简答题

1. 中国古代涉及服装的文献有哪些?

2. 当代国内服装文献主要有哪些?

二、进阶思考题

服装文献学习对服装理论认识的深入性有怎样的促进作用?

参考文献

[1] 华梅．人类服饰文化学［M］．天津：天津人民出版社，1995.

[2] 华梅．服饰与中国文化［M］．北京：人民出版社，2001.

[3] 华梅．西方服装史［M］．北京：中国纺织出版社，2003.

[4] 华梅．中国服装史［M］．天津：天津人民美术出版社，1999.

[5] 李当岐．服装学概论［M］．北京：高等教育出版社，1998.

[6] 李当岐．西洋服装史［M］．北京：高等教育出版社，1995.

[7] 赵平．服装营销学［M］．北京：中国纺织出版社，2005.

[8] 王受之．世界时装史［M］．北京：中国青年出版社，2002.

[9] Alison Lurie. 解读服装［M］．李长青，译．北京：中国纺织出版社，2000.

[10] Rita Perna. 流行预测［M］．李宏伟，王倩梅，译．北京：中国纺织出版社，2000.

[11] 袁仄．中国服装史［M］．北京：中国纺织出版社．2005.

[12] 刘瑞璞．礼服［M］．北京：中国纺织出版社，2002.

[13] 张辛可．服装概论［M］．河北：河北美术出版社，2005.

[14] 叶朗．中国美学史大纲［M］，上海：上海人民出版社，1985.

[15] 普兰温·科斯格拉芙．时装生活史［M］．上海：东方出版中心，2004.

[16] 叶立诚．中西服装史［M］．北京：中国纺织出版社，2002.

[17] 孙兆全．服装纸样与服装缝制工艺［M］．北京：中国纺织出版社，2000.

[18] 张文斌，等．服装工艺学——成衣工艺分册［M］．2 版．北京：中国纺织出版社，1999.

[19] 万志琴，宋惠景．服装生产管理［M］．北京：中国纺织出版社，2003.

[20] 李俊．服装商品企划学［M］．北京：中国纺织出版社，2005.

[21] 安妮·霍兰德．性别与服饰——现代服装的演变［M］．魏如明，等，译．北京：东方出版社，2000.

[22] 包铭新．时髦词典［M］．上海：上海文化出版社，2000.

[23] 克莱尔·威尔科克斯，瓦莱丽·门德斯，希阿娜·巴斯．詹尼·范思哲［M］．上海：上海人民美术出版社，2005.

[24] 阿诺德·汤因比．历史研究［M］．修订版．刘北成，敦小凌，译．上海：上海人民出版社，2000.

[25] Batsford. Big Book of Fashion Illustration［M］．Singapore：Page One Publishing Private Limited，2007.

[26] Edigroup-Ramsay. Chanel Collections and Creations [M]. London: Thames & Hudson Ltd, 2007.

[27] Guggenheim Museum. Giorgio Armani [M]. New York: The Soloman R. Guggenheim Foundation, 2003.

后　记

《服装概论》终于完成了。至此，我这套普通高等教育“十一五”国家级规划教材——“服装史论教材”就算是全部杀青了。心里有一种释然，同时又有一种忐忑。在高校服装专业任教近三十年，总想把这样一套系列教材撰写得比较完美，但事实上却很难。因为时代在前进，我们的教材内容和形式必须符合新时期大学生的需求，尤其是要符合当代青年的解读习惯。

这本书是我和中央民族大学美术学院服装系讲师周梦共同完成的。周梦是北京服装学院的硕士生，如今已在攻读民族学博士。她非常刻苦，也非常聪明，最重要的是具有一种难得的踏实作风。我们两人合作，应该是相当合适的，有成熟的性格，也有年轻的朝气；有史论界的探索，也有设计一线的敏锐；有多年的学术知识积累，同时又有前沿的科技成果展示……当然，我们仍然不满足于这本书所提供给大家的一切，我们想在此基础上与时俱进地不断增删和修改。

今日拿出的这部书稿已经在京津间往返了四五次，仅目录就大动了三次，整体内容更是改了又改。总觉得服装概论就是要把有关服装的知识首先提供给读者，以便于读者在学习其他服装课程之前先对服装有所了解，内容多了容易显得繁杂，少了又感欠缺，有一些内容是不得已与史书有所交叉的，但我们也已经尽量避免了。我想，这套教材中只有这本是新写的，不像那几本已是第 2 版、第 3 版，有些不足留待以后再修改吧。

愿读者从这里对服装产生印象和兴趣。这样，我们的努力就有价值了。

华梅

2008.10

于天津师范大学华梅服饰文化学研究所

书目：服装类

服饰文化书

书　　名	作　　者	定价（元）
【服饰文化学丛书】		
服饰民俗学	华梅	26.00
服饰社会学	华梅	28.00
服饰心理学	华梅	26.00
服饰生理学	华梅	28.00
【世纪时尚系列丛书】		
百年内衣	［英］布莱斯勒等	100.00
百年帽饰	［英］霍普金斯	100.00
百年靴鞋	［英］帕蒂森	100.00
百年箱包	［英］威尔考克斯	100.00
【中国近现代服饰史丛书】		
浮世衣潮之广告卷	张竞琼等	32.00
浮世衣潮之评论卷	张竞琼等	32.00
浮世衣潮之妆饰卷	张竞琼等	34.00
【世界服装名师名牌】		
时尚推动力：新奇与怪诞	袁仄	26.00
永远的经典：优雅本色	袁仄	26.00
新派豪奢主义：简洁就是奢华	袁仄	26.00
时空交汇：传统与发展	袁仄	26.00
【服装体系】		
解读服装	［美］AlisonLurie	28.00
衣柜工程	［美］克伦克等	20.00
流行预测	［美］丽塔	28.00
服装社会心理学（上、下）	［美］凯瑟	38.00/32.00
服装社会心理学概论	［日］荻村昭典	10.00
服装产业运营	［美］伊莱恩・斯通	88.00
中西服装史	叶立诚	128.00
服饰美学	叶立诚	38.00
【其他】		
中国丝绸科技艺术七千年——历代织绣珍品研究	黄能馥　陈娟娟	600.00
中国少数民族服饰	钟茂兰	128.00
中国服饰通史	黄能馥	68.00
中国内衣史	黄强	39.80
时尚之旅（第二版）	谢锋	36.00
服装心理学概论（第二版）（附盘）	赵平　吕逸华　蒋玉秋	28.00
中国化妆史概说	李秀莲	168.00
中国服饰文化（第一卷）	张志春	22.00
中外女性服饰文化	许星	30.00
中国旗袍	袁杰英	268.00
中国历代妆饰	李芽	38.00
高级时装概论	史林	22.00
把服装看了	王新元	29.50

书目：服装类

书名	作者	定价（元）
【普通高等教育“十五”国家级规划教材】		
服装 CAD 原理与应用	张鸿志	40.00
服装色彩学	王蕴强	32.00
服装艺术设计	刘元风等	40.00
中国服装史	袁仄	28.00
服装结构设计	张文斌	36.00
服装材料学	王革辉	24.00
数字化服装设计与管理	徐青青	34.00
【服装高等教育教材】		
服装学概论	李正	36.00
服饰零售学	王晓云等	36.00
服装大批量定制	杨青海等	26.00
服装纸样放缩	李晓久等	22.00
【高等服装专业教材】		
女装平面结构设计	杜劲松	29.80
现代绣花图案设计	周李钧	37.00
时装设计平面展示	张皋鹏	34.00
服装流行学	张星	38.00
服装色彩学（第四版）	黄元庆	24.00
服饰图案设计（第三版）	孙世圃	22.00
服装设计学（第三版）	袁仄等	16.00
服装材料学（第三版）	朱松文等	25.00
服装工艺学（结构设计分册）（第三版）	张文斌	25.00
服装工艺学（成衣工艺分册）（第三版）	张文斌	20.00
服装机械原理（第三版）	孙金阶	16.00
服装生产管理与质量控制（第二版）	冯翼等	18.00
服装美学	吴卫刚	25.00
服装心理学（第二版）	苗莉等	20.00
服装卫生学	陈东生	22.00
西方染织纹样史	［日］城一夫	30.00
服装英语（第二版）	吕逸华	18.00
服装专业日语	袁观洛	25.00
西方服装史	华梅	32.00
服装外贸学	范福军	25.00
女装平面结构设计	杜劲松	29.80
【服装专业双语教材】		
英国经典服装板型	［英］威尼弗雷德·奥尔德里奇	35.00
服装设计师完全素质手册	［英］格里·库克林	34.00
时装设计：过程、创新与实践	［英］凯瑟琳·麦凯维等	45.00
图解服装概论	张玲	38.00
服装生产概论（第二版）	［英］格里·库克林	36.00

高等教材

书目：服装类

	书名	作者	定价（元）
高等教材	**【新编服装院校系列教材】**		
	现代服装材料学	周璐瑛	24.00
	成衣纸样与服装缝制工艺	孙兆全	30.00
	服装生产工艺与设备	姜蕾	22.00
	服装工业制板	潘波	18.00
	服饰图案	徐雯	24.00
	【高等服装实用技术教材】		
	服装企业督导管理	刘小红	13.00
	服装生产筹划与组织	宋惠景等	18.00
	服装品质管理	万志琴等	14.00
	服装纸样设计（上册）	刘东等	18.00
	服装纸样设计（下册）	李秀英等	22.00
	成衣工艺学	吴铭等	35.00
	服装国际贸易概论	陈学军	18.00
	【北京市高等教育精品教材立项项目】		
	毛皮与毛皮服装创新设计	刁梅	58.00
	服装纸样设计原理与技术（男装编）	刘瑞璞	28.00
	服装纸样设计原理与技术（女装编）	刘瑞璞	46.00
	【上海市教育委员会高校重点教材建设项目】		
	针织服装设计	宋晓霞	39.80
	【浙江省重点教材】		
	服装设计教程	杨威	32.00

注：图书价格以实际定价为准。